文创产品包装设计方案技巧研究

刘思思　罗爽爽　著

吉林出版集团股份有限公司｜全国百佳图书出版单位

图书在版编目(CIP)数据

文创产品包装设计方案技巧研究 / 刘思思，罗爽爽
著. — 长春：吉林出版集团股份有限公司，2023.10
ISBN 978-7-5581-3144-8

Ⅰ. ①文… Ⅱ. ①刘… ②罗… Ⅲ. ①文化产品—包
装设计 Ⅳ. ①TB482

中国国家版本馆 CIP 数据核字(2023)第 207576 号

文创产品包装设计方案技巧研究
WENCHUANG CHANPIN BAOZHUANG SHEJI FANGAN JIQIAO YANJIU

著　者	刘思思　罗爽爽	
责任编辑	孙　璐	
开　本	787mm×1092mm　1/16	
印　张	9.5	
字　数	200 千字	
版　次	2023 年 10 月第 1 版	
印　次	2023 年 10 月第 1 次印刷	

出　版	吉林出版集团股份有限公司	
发　行	吉林音像出版社有限责任公司	
	（吉林省长春市南关区福祉大路 5788 号）	
电　话	0431－81629679	
印　刷	吉林省信诚印刷有限公司	

ISBN 978-7-5581-3144-8　　　　定　价　48.00 元

前　　言

　　文创产品是通过对于文化记忆或文化共鸣让用户产生体验,使用相应的设计手法使产品产生全新的附加价值,以引发消费者的消费冲动完成购买。在这一过程中,消费者的情感需求对于文创产品的研发,销售都存在着巨大的影响,情感化设计变成了文创产品的重要设计手段。近年来,随着文化创意产业的发展,文创产品如今不仅需要注重纪念意义和实用功能,而且应当注重区域文化内涵性价值和优化文创产品及其产品的包装设计,以进一步满足人们对于文创产品的情感需求以及审美诉求。

　　本书以文创产品包装设计作为研究对象,在查阅大量相关文献和结合以往设计经验的基础上,分析了基于文创产品包装设计的必要性、文创产品设计创新思维方式与技巧、包装设计的发展与创新、文创产品设计制图、文创产品包装设计方案构成要素应用、传统文化元素在文创产品包装设计方案中的技巧应用、绿色低碳理念在文创产品包装设计各个环节应用研究等内容。本书在梳理文创产品包装设计理论与方法的同时注重我国传统文化的汲取与再设计,更加注重设计的实操性和可持续发展。笔者注重文创产品包装设计与市场的紧密结合,期望可以为文创产品包装设计应用创新设计工作提供更多思路。

　　本书在撰写的过程中得到了很多同行和专家的指导,在此深表谢意,但是由于作者水平有限,书中难免会有不足之处,恳请广大读者给予批评指正!

刘思思　罗爽爽

2023 年 5 月

目　　录

第一章　文创产品概述 ·· 1

　　第一节　文创产品 ·· 1

　　第二节　文创产品的基础 ·································· 3

　　第三节　文创产品的核心 ·································· 8

第二章　文创产品设计理论与方法 ···························· 11

　　第一节　文创产品设计概述 ································ 12

　　第二节　文创产品的分类 ·································· 14

　　第三节　文创产品设计的原则 ······························ 17

　　第四节　文创产品设计的方法 ······························ 19

第三章　文创产品设计类型 ···································· 24

　　第一节　源于传统文化的文创产品设计 ························ 24

　　第二节　博物馆的文创产品设计 ···························· 30

　　第三节　IP 引导的文创产品设计 ···························· 38

　　第四节　文旅融合下的旅游文创产品设计 ······················ 43

第四章　文创产品设计创新思维方式与技巧 ···················· 46

　　第一节　创新思维的途径 ·································· 46

　　第二节　创新思维的方法 ·································· 49

　　第三节　项目设计实践 ···································· 51

第五章　包装设计概念界定 ···································· 53

　　第一节　包装的定义 ······································ 53

　　第二节　包装设计的传达 ·································· 54

　　第三节　包装设计的目标 ·································· 56

　　第四节　包装设计与品牌建设 ······························ 57

第六章　包装设计的发展因素研究 ···························· 61

　　第一节　包装设计的发展 ·································· 61

　　第二节　包装设计发展的社会因素 ·························· 63

第三节　包装设计发展的技术因素 ································· 67

第四节　包装设计的创新发展 ································· 68

第七章　文创产品包装设计探究 ································· 71

第一节　交互式包装设计 ································· 71

第二节　视错觉包装设计 ································· 73

第三节　文创产品包装设计 ································· 81

第八章　文创产品设计制图 ································· 86

第一节　草图绘制 ································· 86

第二节　电脑制图 ································· 88

第三节　文创产品包装设计 ································· 90

第九章　文创产品包装设计方案构成要素应用研究 ································· 93

第一节　色彩在包装设计方案中的应用原则与效应 ································· 93

第二节　文创产品包装中图形的选择方法 ································· 100

第三节　文创产品包装中文字设计原则 ································· 102

第四节　文创产品包装中设计元素的编排 ································· 103

第十章　传统文化元素在文创产品包装设计方案中的技巧应用 ················ 106

第一节　文创产品开发驱动力 ································· 106

第二节　传统再设计方式 ································· 107

第三节　传统文化元素在文创产品包装设计中的应用 ················ 112

第十一章　绿色低碳与包装创新设计思考 ································· 117

第一节　设计环节思考 ································· 117

第二节　包装材料环节思考 ································· 119

第三节　生产环节思考 ································· 122

第四节　物流环节思考 ································· 125

第五节　使用、回收环节思考 ································· 126

第十二章　绿色低碳理念在文创产品包装设计各个环节应用策略研究 ················ 131

第一节　设计环节策略 ································· 131

第二节　材料环节策略 ································· 133

第三节　生产环节策略 ································· 137

第四节　物流环节策略 ································· 140

参考文献 ································· 143

第一章　文创产品概述

第一节　文创产品

文创产品（即文化创意产品），是指文化创意产业中产出的任何制品或制品的组合。从产品最终形态来看，文创产品包含两个相互依存的部分：文化创意内容与载体。

目前，我国的文创产品开发还处于初级阶段，文创产品涉及的广度和深度仍有很大的提升空间，市场前景广阔。但是，进行文创产品开发前一定要注意其所包含的两个相互依存的部分，以及它的开发特点。

在提出文创产品的概念以前，对应的是工艺产品和旅游纪念品的概念。前者的重点在于体现工艺的特点，后者的重点则在于体现地域的特点。实际上，很多时候旅游纪念品都演变为游客到此一游的证明，尽管各地域、各景区相隔千里，但是售卖的纪念品几乎雷同。

许多人到了景德镇往往会买套瓷器，甚至有些人会为购买一套正宗的茶具专程来到景德镇。陶瓷产品既是一种工艺产品，同时也因为景德镇的千年瓷都地位，成为具有地域代表性的旅游纪念品。以制瓷原料为例，景德镇瓷器使用本地特有的高岭土，即制瓷最好的原材料。但随着世世代代的开采，高岭土的存量越来越少，原料价格就越来越高。从制作工序上讲，景德镇依然延续着传统的制瓷方式，72道工序丝毫不差，与其他大批量生产的机器瓷相比，成本就增加了，价格也就上去了。

然而，当文创产品替代工艺产品和旅游纪念品出现之后，它所区别于这两者和一般产品的文化内容的创意设计就是它的附加价值。对比德化瓷器的"物质"，景德镇目前依然坚持传统制瓷的古方古法和匠人之心就是它的文化内容，再融入令人耳目一新的创意，便能区别于德化瓷器和其他一般的瓷器。

但是，文化创意内容无法独立存在，必须依靠载体而存在，而这个载体就是产品。因此，在进行文创产品设计前，必须先明确产品的概念。

一、产品的概念

产品到底是什么？对于这个问题设计师和消费者好像都很熟悉了，然而产品的概念和范围一直在变化并不断扩大。例如，随着时代的变迁，人们书房里的家具陈设也发生了变化。产品改变时，同时改变的还有我们的生活场景与生活方式。苏州博物馆内的明代书斋的陈设布置，与之相适应的是明代文人们的生活方式。

产品绝对不仅仅是有形的物品，还应是能够供给市场，被人们使用和消费，并能满足人们某种需求的东西。产品既包括有形的物品，也包含无形的服务、组织、观念或它们的组合。简单来说，"为了满足市场需要而创建的用于运营的功能及服务"就是产品。所以，当人们的住宅场景与生活方式改变后，人们对书房的功能需求发生了变化，于是就有新的产品被设计出来以适应这种需求。

二、文创产品的价值

了解所要设计的产品的概念，就可以明确文创产品的设计范畴，将文创产品的两个部分——文化内容的创意设计和载体进一步分为三个价值组成部分：文化内容的价值；创意内容的价值；载体（即产品）的成本。前两者难以量化，后者则要从有形载体和无形载体两个类别进行分析，有形载体的价值比较容易量化，而无形载体的价值不容易量化。由此，文创产品的属性可以分为两个方面：一个是无法量化的文化创意的价值属性，另一个是经济价值属性。

文创产品的价值往往取决于文化创意的价值属性。如苏州博物馆的文创产品衡山杯采用文徵明的衡山印章图案作为文化元素，将印章图案应用在杯底，整个杯子的造型好似一枚印章。杯子材质选用汝瓷，以契合文徵明的文人气度，同时也符合苏州雅致的地域文化特点。因为文化元素源自衡山先生——文徵明，其所代表的文化内容让这个杯子增加了文化价值，印章和杯子的结合又增加了创意价值，使得整个杯子的价值远远大于材质本身的经济价值。这也就不难理解，为何在网上相同材质和造型的杯子的售价远低于衡山杯，但销量不如衡山杯了。

同一个文化内容中包含许多文化元素，表达的方式和载体也多种多样。同样是以"秦始皇兵马俑"为主题的产品设计，某个手帐本产品中提取的是"秦始皇兵马俑"这一文化元素，并通过卡通人物形象表达这一文化内容，载体是手账本。文化元素和载体两者之间不存在相辅相成的关系，卡通人物形象的载体也可以是抱枕、杯子等。

然而，这是一个需要通过用户参与，进行挖掘才能完成的秦始皇兵马俑主题的文创产品。这种呈现是被精心设计出来的，是经过文化元素的创意组合的，"兵马俑"与"挖掘"这两个文化元素和载体相辅相成，与其他载体相比，这个由粉末包裹的兵马俑小摆件对于这件文创产品的文化内容表达具有不可替代性。

所以，文创产品的设计基础一定是文化，只有将文化内容表达得出彩，才具有其他产品所不可替代的价值。

第二节　文创产品的基础

中国传统文化内涵丰富，这也是我国在发展过程中文化积累所产生的优秀成果。中国传统文化有"俗文化"与"雅文化"之分，如被称作翰墨飘香的"文房四宝"——笔墨纸砚便是雅文化中的精品。在古代文人眼中，包括笔墨纸砚在内的精美文房用具不仅是写诗作画的工具，而且他们指点江山、品藻人物、激扬文字、引领时代风尚的精神良伴，如古代书房的布置。随着日常生活的审美普及，这种雅文化渐渐重新融入人们的生活中，体现在消费者对衣、食、住、行等日常需求的更高品质和内涵的追求上，最终，文创产品依靠蕴含其内的文化在众多产品中脱颖而出。这些以中国传统文化为设计基础的文创产品也成为沟通传统与现代、维系外观和内涵的载体。

文创产品要实现文化内容的准确表达和传达，使消费者通过文创产品接收到准确的文化内容，得到文化体验，这是设计文创产品的基本要求。

一、文化是什么

在利用各种不同文化元素进行文创产品设计之前，我们还需要清楚文化的概念。"观乎人文，以化成天下"，这句话出自《周易》，意思是在不同的时代凝聚价值观，融化人心，化育行为。"观乎人文，以化成天下"强调的是文而化之，"文化"一词由此而来。

中国传统文化作为一种文化形态，本身具备文化科学价值。"文化"的定义，往往是"仁者见仁，智者见智"。世界各地学者对文化的定义有 200 多种。

在西方，"文化"一词源于拉丁文 culture，原意耕作、培养、教育、发展、尊重。1871 年英国人类学家爱德华·泰勒在其所著的《原始文化》一书中对文化的表述："知识、信仰、艺术、道德、法律、习惯等凡是作为社会的成员而获得的一切能力、习性的复合整体，总称为文化。

在中国，"文化"一词，古已有之。"文"的本义，系指各色交错的纹理，有文饰、文章之义。《说文解字》称："文，错画也，象交文。"其引申为包括语言文字在内的各种象征符号，以及文物典章、礼仪制度等。"化"本义为变易、生成、造化，所谓"万物化生"，其引申义则为改造、教化、培育等。""文"与"化"并联使用，较早见之于战国末年"文明以止，人文也"。文化的核心就是人，文化是人的超越自然属性的理想和努力。简而言之，文化就是把人类社会中"美好和谐"的事物"化行"于一切人类活动，"以文化之"（文而化之）就是"文化"要求。

也有学者给文化的定义是：所谓文化，不过是一个民族生活的种种方面。文化可以总结为三个方面：精神生活方面，如哲学、艺术等；社会生活方面，如社会组织、伦理习惯、政治制度、经济关系等；物质生活方面，如饮食起居等。

关于文化的解释非常多，想要解释清楚文化，从 200 多种对文化的解读中找到准确的答案十分困难，就像徒手抓空气。

文化的内容遍布在我们的日常生活中，而文创产品就是让消费者在日常用品的使用过程中感受文化，感受不同的文化内容、文化元素。

二、文化分类

文化的类别非常多，按照不同分类标准有不同的结果。

1. 第一种分类方法：分为雅文化与俗文化

澄心堂纸作为中国古代的一种极为珍贵的宣纸产品，其制作工艺十分讲究。南唐后主李煜亲自监制的澄心堂纸是宣纸中的珍品，它"肤如卵膜，坚洁如玉，细薄光润，冠于一时"，从南唐到北宋，一直被公认为是最好的纸。用来进行书画创作的澄心堂纸，无疑代表了一种雅文化。

当宣纸作为剪纸的载体变为红色之后，其制造工艺也变得没那么复杂，并变得非常民俗化，成为人们生活中的文化，即俗文化。逢年过节少不了用它来剪窗花，婚庆嫁娶的时候需要用它来剪喜字。

2. 第二种分类方法：分为物质文化和非物质文化

物质文化与"非物质文化"相对。物质文化：指为了满足人类生存和发展需要所创造的物质产品及其所表现的文化。物质文化是有形的，包括、建筑、景观、遗址、历史文物、服饰等。非物质文化：指那些非物质形态的、有艺术价值或历史价值的文化内容，是人类在社会历史实践过程中所创造的各种精神文化。如吉祥文化、神话故事、传统工艺、传统美术、音乐、武术、戏曲、歌舞、节令民俗、传统技艺等。

二十四节气是古代农耕文明的产物。人们发现了大自然的四季更迭等，逐渐认识到一年中气候、物候的变化也有规律可循。一岁四时，春夏秋冬各三个月，每月两个节气，每个节气均有其独特的含义。同时，花开花落四时变迁赋予的自然奇妙的颜色，古人都赋予了雅致名字，颜师利用植物、矿物为颜料，缔造出不朽文化和中国传统色彩。天津泥人张：（彩塑泥人），作品以写实为特色，人物造型，音容笑貌，色彩装饰，无不强调一个"像"字。这些技艺只能依靠"师徒相传""口传心授"，保护核心"传承人"。

物质文化与非物质文化两者相互依存、相互作用。非物质文化促进物质文化，而物质文化中包含了非物质文化。

3. 第三种分类方法：分为器物文化、行为文化和观念文化

所谓器物文化，是指物质层面的文化，是人们在物质生活资料的生产过程中所创造的文化内容，包括衣食住行等方面。如汉民族传统服饰（后文简称汉服）、有着 3000 多年历史的中国传统拨弦乐器——古琴。

所谓行为文化，是指制度层面的文化，它反映在人与人之间的各种社会关系，以及人的生活方式上，如传统节日中的各种习俗：过年守岁、贴春联；端午节挂菖蒲、吃粽子；中秋节赏月、吃月饼等。重阳节吃重阳糕、喝菊花茶、做茱萸香包的场景。

而观念文化则是指精神层面的文化，以价值观或者文化价值体系为中心，包括理论观念、文化理想、文学艺术、伦理道德等。位于安徽宏村的一座祠堂，祠堂本身作为建筑属于文物，但是其承载了诸多历史、人文和民俗等信息，所以它又包含观念文化。在很多祠堂的墙壁上往往挂有"家训""族规""家法"等内容的牌匾，其中包含以"忠信孝悌"为核心的中国传统伦理道德。除去其中的糟粕，还有诸多中华民族的传统美德，如敬长老、孝父母、友兄弟、尊师长等。

4. 第四种分类方法：分为饮食文化、服饰文化、建筑文化、地域文化等

（1）饮食文化

中华饮食文化博大精深、源远流长、极具特点。首先，风味多样。我国一直就有"南米北面"的说法，口味上有"东酸西辣，南甜北咸"之分，主要包括巴蜀、齐鲁、淮扬、粤闽四大风味。其次，不时不食。中国人善于根据时节变化搭配食物，也就是所谓的时令

菜，这些菜默默提醒着人们与万物平衡相处的安身立命之道。除此之外，中国饮食文化还讲究食材与食具的搭配及和谐；喜欢给食物取一些富有诗意的名字，如"炝凤尾""蚂蚁上树""狮子头""叫花鸡"等。

中国人表面上讲究吃，但是更注重的是蕴含在形式之下的认识事物、理解事物的哲理。比如婴儿百日时要赠送亲朋好友红蛋表示祝福，"蛋"表示着生命的延续。

（2）服饰文化

衣食住行是日常生活中最重要的四件事，衣排在首位，而最能代表中国传统服饰文化的就是汉服。汉服也称为华服，大体是"上衣下裳"的形式。之所以这样，主要是由农耕民族属性决定的，农民在地里干活干累了、出汗了，就可以很方便地把上面的衣服脱下来，这也是农耕民族与游牧民族的差别之一。当然，随着社会的发展，上下连体的汉服也出现了，然而对于普通农民来说，服饰还是以"上衣下裳"的形式为主。

除了形式上的特点，汉服上的纹样也直接反映了人们的思想观念。不同的时代、形式和纹样共同形成了特定时代的中国传统服饰文化。

周朝实行分封制，遵循周礼，服饰也遵循着严格的等级制度。运用在服饰上的纹样是"十二章纹"，帝王的大裘冕可以印满所有的章纹，公爵印9种，侯爵印7种等。纹样不单是为了装饰，组成"十二章纹"的日、月、星辰、山、龙、华虫、宗彝、藻、火、粉米、黼、黻。每个章纹对应着一种美德，"日"对应着"光明"，"月"对应着"宁静"，"星辰"对应着"广布"，"山"对应着"稳固"，"龙"对应着"灵便"，"华虫"对应着"华美"，"宗彝"对应着"忠孝"，"藻"对应着"洁净"，"火"对应着"向上"，"粉米"对应着"务本"，"黼"对应着"果断"，"黻"对应着"明理"。

汉服发展到魏晋，服饰风格可以用清秀、洒脱来概括；到了唐代，正如"云想衣裳花想容，春风拂槛露华浓"的诗句，给人以丰美、华丽之感；而宋服则含蓄、严谨。

严格说来，服饰包含两个内容——衣服和饰物，上述内容主要是指衣服，而饰物的种类就更多了。"服"和"饰"通常是搭配出现的，如商朝的贵族身上有佩戴玉饰的习惯，统治者甚至制定了一整套的玉佩佩戴制度，用以区别阶级和等级。

中国传统服饰历经几千年的积累和融合，不断丰富和发展，形成了中国服饰文化系统。

（3）建筑文化

中国传统建筑反映了中华民族的居住方式，有着自己独特的体系和特点，是世界三大建筑体系之一。

中国最早的史前建筑诞生在距今约1万年的旧、新石器时代之交，在原始农业出现之际，因为有了定居的要求而出现。在之后的漫长发展历史过程中，中国传统文化中"天人合一"的思想对其产生了重要影响。

有关学者在《园冶》一书中提出的传统造园基本原则："轩楹高爽，窗户虚邻；纳千顷之汪洋，收四时之烂漫。梧阴匝地，槐荫当庭；插柳沿堤，栽梅绕屋。结茅竹里，浚一派之长源；障锦山屏，列千寻之耸翠。虽由人作，宛自天开。"强调的就是建筑和自然完全融合的一种状态。以苏州园林中常见的花窗为例，该学者在书中把它称为漏砖墙。漏砖墙用于园林时使墙面上产生虚实的变化，两侧相邻空间似隔非隔，景物若隐若现，富于层次。

再如徽州建筑，又称徽派建筑，是中国传统建筑最重要的流派之一。在选址上，村落一般依山傍水，住宅多面临街巷；建筑的外部造型上，层层叠落的马头墙高出屋脊，有的中间高两头低，黑白分明，勾勒出民居墙头与天空的轮廓线，增加了空间的层次感和韵律美。

（4）地域文化

苏州园林和徽州古村落的对比，与中国传统文化中的一个重要分类有关，那就是地域文化。地域文化是文化在一定的地域环境中与环境相融合后形成的一种独特的文化。

文化中最具有代表性的便是方言，方言是一方水土所创造的语言文化，所以通过方言可以了解不同的地域文化和民俗现象。

刺绣这一中国古老的手工艺术，也因为受到了不同地域文化的影响而成为地域文化差异的一种体现。以秦岭、淮河一线为南北分界线，分为南绣和北绣。南绣以苏绣、湘绣、蜀绣、粤绣四大名绣为主；北绣以京绣、鲁绣、汴绣、晋绣等地方绣种为主。不同的地域孕育不同的刺绣风格，形成了各自独特的艺术特征。

地域文化的差异促使我们在设计有地域属性的文创产品时，一定要先了解当地的文化，这样做出的设计才能被此区域的消费者认同，同时也被游客接受。

中国传统文化的内容如此丰富多彩，为我们提供了大量的文化元素进行创意设计。但是，只有不断地提升设计者自身的文化修养才能精确地解读它们，以准确的方式、恰当的载体进行表达和传达。

第三节　文创产品的核心

　　故宫文创产品目前是国内文创的引领者。同样是以故宫文化元素设计的产品，十多年前为何没能吸引消费者，如今却深受年轻人的喜爱，成为传达故宫文化的有效载体？是因为现在故宫文创真正地把创意融进了文创产品之中，而不仅仅是复制、贴图。

　　故宫博物院有约 180 万件文物藏品，包含着大量的历史信息，都是工匠精神的体现，同时也是故宫文创的创意来源。虽然故宫的文化元素触手可及，但是如果没有好的创意，或者说对文创进行的重构和再造没能以一个好的想法、好的形式呈现，设计便失去了新意和吸引力。可见，创意在文化创意设计中具有重要地位。

一、创意的定义

　　创意究竟是什么？创意是对传统的叛逆，是打破常规的哲学，是破旧立新，是思维碰撞后得出的创造性想法，是不同于寻常的解决方法。从人类发展的角度来看，创意起源于人的创造力、技能、才华。"创"即创新、创作、创造。"意"即意识、观念、智慧、思维。创意也是设计的灵魂，设计的内涵又是文化。

　　创意设计，简而言之，它是由创意与设计两部分构成，将富于创造性的思想、理念以设计的方式予以延伸。呈现与诠释的过程或结果。我们常会说，怎么都想不出一个创意。创意的方法是否有迹可循？虽然创意不能按部就班地按照特定流程得出，但是可以从产品本身的属性方面着手，如手感、颜色、使用方式等。要常常拿在手上的东西很讲究手感，如与饮食相关的器皿等。中国的传统色彩光听名字就可以感受其内在的风雅，古人的创意令人赞叹。下面我们选几种颜色进行分析。

　　竹月，这个颜色带给人们的是清冷的感受。读到"竹月"这两个字，应该会立刻在脑海中出现一幅画面——月色照竹林。对于很多人来说，这就是一种色彩，但是当它运用在不同产品和情景上时，会给人带来新的感受，毕竟满月的光和残月的光、洒在屋顶的瓦上和洒在竹林之中的月光所营造的意境还是有区别的。

　　天青色，想看到天青色唯有先等待下雨，所以有句歌词是"天青色等烟雨"。中国传统色彩往往都是先创造了有着新色彩的物品，才有了对此色彩的命名和后续运用。天青色最早的出现原因是后周的周世宗柴荣想要一个"雨过天青云破处，这般颜色做将来"般的颜色。他要的不是一个已经存在的色彩，而是要大雨过后，在云彩裂开的缝隙里的那个色彩。这个要求是很苛刻的，但也证明了古人在造色方面的出彩创意。后来这种色彩被运用在瓷器上，如宋代汝窑出了一种天青釉，其颜色清澈通透，似玉非玉。

再如，2022 年北京冬奥会会徽，以汉字"冬"为灵感来源，图形将抽象的滑道、冰雪运动形态与书法巧妙结合，人书一体，天人合一。其颜色以蓝色调为主，寓意梦想与未来，以及冰雪的明亮纯洁。红黄两色源于中国国旗，代表运动的激情、青春的活力。整个标识既展现了冬季运动的活力与激情，也传递出中国文化的独特魅力。

冬奥会标 5 个传统配色：云门（承云，承受祥云福佑之意）、朱孔阳（鲜红明艳、喜气洋洋）、绀宇（古殿宇和寺庙，取其庄严凝重之意）、黄河琉璃（其色如阳光下，孟津口黄河水）、碧山（如其名，心旷神怡）。

除此之外，层出不穷的新技术和传统文化经过碰撞后非常容易产生好的点子。

作为文创产品终究还是需要更多地研究人们的生活，研究人们生活的习惯，研究人们在生活中需要什么样的产品，研究文创产品如何能被大众消费者接受。文化与功能的巧妙结合是最佳的创意方案之一，可以潜移默化地将传统文化融入人们的日常生活。

二、创意的意义

创意作为实现文化价值和产品价值的主导力量，其最大的意义在于对文化的转化。它将物质文化与非物质文化中的文化，或者是其他分类方式中不为人了解的文化以有趣的、消费者能够欣然接受的方式进行传达，使传统文化得到传承。不可否认的是，好的创意可以让文化传递，让传承的效率最大化，而差强人意的创意对于传统文化的准确传达则值得商榷。

故宫所藏北宋画家王希孟绘制的《千里江山图》，画面峰峦起伏、烟波浩渺、气象万千、壮丽恢宏，山河之美一览无余。这幅画是众多文创产品应用的文化元素，但是设计师的创意方式却各不相同，文创产品的水平也有高低之分。如有应用刀模切割和四色热转印工艺，以天然橡胶和聚酯纤维防水面料为原材料将其制成桌垫的；也有木胎漆器迷你屏风摆件，《千里江山图》都是纯粹地以复制原画画面的形式应用在产品之中。还有设计师将《千里江山图》画卷的局部小景移入表盘，抬手间，目光所及处便是旧时壮美河山，借由指针的游走告诉人们随着时间流逝，这幅画卷定格为永恒。比起桌垫贴图式的运用，手表的创意算得上是略胜一筹。将《千里江山图》与苏绣结合，运用在团扇扇面上。产品的出彩之处不在于图案的选取，而是纯手工的刺绣工艺。刺绣让每把团扇的扇面都成为独一无二的存在，当它们到达每个消费者的手中时，就有了"千人千面"的效果。当这样的团扇作为汉服饰品被消费者使用后，这幅定格的《千里江山图》仿佛活了起来，又融入了当下的壮美河山中。

按照创意对于文化的转化和传达的水平，可以将文创产品分为三个层次。

第一个层次，创意含量几乎为零的贴图法。这种方法通常是将原有的文化元素直接以图案、图形的形式附加在产品上。众多刻有各种图案的木质书签，其设计方式通常是简单地以书签式样的木片作为载体，使用机器雕刻出有着特定含义的中国传统图形，如梅兰竹菊、花窗、人物脸谱等。图案和木雕工艺的组合并没有产生1+1>2的效果，类似的图案运用在铜的材质上也并无不可。

第二个层次，符号能指的转化和延展，或将特色文化内涵外化。了解这一内容之前，我们先要了解"能指"与"所指"两个概念。符号是能指和所指的结合，能指就是表示者，所指就是被表示者。以巧克力为例，巧克力的形象是能指，爱情是其所指，两者结合就构成了表达爱情的巧克力符号。

在中国传统文化中，梅、兰、竹、菊等植物能代表一定的精神品质，古人所说的"宁可食无肉，不可居无竹"，也不是说竹子这种植物本身有多美，人们所喜爱的是竹的内涵，想要表达的是对竹子精神的喜爱，即自强不息、顶天立地的精神。所以当一些文创载体与特定文化符号巧妙地结合之后，其层次便比贴图法的文创产品的立意高出许多。

在众多文创商店中，我们经常能看见第一个层次的杯子，即在各种造型的杯身上绘制各种原汁原味的传统图案和图形。同样是杯子，前文说到的苏州博物馆的衡山杯便不是简单图形的加载，杯底用衡山印章作为底款，有了所指，手起杯落间犹如在使用文徵明的衡山印章，让蕴含其内的文化得到了行为上的外化。

第三个层次，用一句话概括为"只可意会、不可言传"。此类文创产品在于对意境的表达，将传统文化的意蕴、思想、观念等以无形的方式融入产品载体。在众多的文创产品中，有一类文创产品被称作"禅意文创"，与其关联的产品主要是抄经、茶道、香道、茶器、禅趣等。比如高山流水香台，以烟代水，一石知山，烟气腾挪，方寸之间容纳天地气象。

文创产品是创意作用的对象，创意也是文创产品的核心，文化以某一创意方式或形式加载于产品之中，与其融合为一体，成为特定文化内容主题的文创产品。当然，也要考虑市场因素、消费心理、需求趋势等方面的问题，只有这样才能保证特定文创产品能够满足细分市场的需求，实现经济效益最大化。

第二章　文创产品设计理论与方法

中国是拥有五千年文化底蕴的文明古国，博大精深的传统文化是现代设计取之不尽的宝藏。各种历史文化古迹、数不胜数的古老文物、神话传说等，都可以成为设计元素。文创产品设计开发通过对典型文化遗产、历史文化的深入研究，寻找那些典型的、可开发空间大的文物，深挖其文化内涵以及商业价值，让消费者深入古典文化之中，与之互动并产生共情，激发大众消费能力，让传统文化真正走入大众的内心，在使用文创产品的同时传承传统文化，这才是文创产品设计的高层次价值。

顺应中国当代文化振兴，提高青年一代的文化自觉与文化自信，文创产品设计开发立足传统文化，汲取设计营养，正是文化发展与建立自信的途径。将传统文化融入高校的专业教育，可以源源不断地提供文化创新知识动力，高校在教学研发的同时也找到了高阶性的发展需求。此外，高校教学与地方文化部门建立联系，又可以实现教学与社会的对接，是高校教育与社会实践衔接的机遇。以此为契机的高校教学不再是局限在象牙塔里的纸上谈兵，而是可以更好地服务社会，实现社会价值，进而最大限度地激发学生的学习动力与发展动力。有了高校文化创新的动力支持，文化单位就有了源源不断的文化创新开发点，立足于这些文化创新的新思路，可以开发出更多文化商品，推动传统文化深入大众，让传统文化走入大众生活，在增加文化单位商业发展空间的同时，形成高校与社会联合提高的更高层次良性发展循环。

第一节 文创产品设计概述

一、文创产品的基本概念

1. 文创的定义

回望历史，我们追根溯源，从汉字语义来解读文创。"文"本义为符，上古之时，符文一体，依类象形；"创"本为"刃"字，本义为用刀劈斩，后演变为前驱先路，"刃"后变为"创"，引申为开始做、开创之意。"文创"二字结合，可以归纳为文化的创意之路。文创即文化创意：是以文化为元素，融合多元文化，整理相关学科，利用不同载体而构建的再造与创新的文化现象。

2. 文创的起源及发展

文创是伴随着文明的出现而出现的，与人类制陶、编结、种植、畜养、战争、祭祀、装饰等社会活动相互关联，其核心是人类思想上的变化。英国是世界上第一个提出创意产业概念，并运用公共政策推动创意产业发展的国家。工业革命后，英国成为"世界工厂"。到 20 世纪 80 年代，英国逐渐失去世界第一制造业大国的地位。1997 年 5 月，为振兴英国经济调整产业结构、解决就业问题，成立了创意产业特别工作小组，负责对英国的创意产业提出发展战略。1998 年，英国政府出台了《英国创意产业路径文件》。这个文件首次提出了创意产业的概念——源自个人创意、技巧及才华，通过知识产权的开发和运用，具有创造财富和就业潜力的行业。

根据这个定义，英国将广告、建筑、艺术和文物交易、手工艺品、工业设计、时装设计、电影和录像互动性娱乐软件、音乐、表演艺术、出版、电脑软件及电脑游戏、广播电视 13 个行业确定为创意产业，文化遗产与旅游产业也被列为重要的相关创意产业。伦敦东北部的克勒肯维尔，如今已是英国著名的艺术场区，吸引了几百家设计企业进驻。这里拥有一流的音乐厅、剧院、展览馆、电影院与博物馆，还有各种酒吧。

文化创意产业是 20 世纪 90 年代发达国家提出的一个概念，后来逐渐演变成一种全新的发展理念。这种理念认为，当代经济的真正财富是由思想、知识、文化、技能和创造力等构成的创意，这种创意来自人的头脑，它会衍生出无穷的新产品、新服务、新市场、新就业机会、新社会财富，是经济和社会发展的重要推动力。文化创意产业，又叫创意工业、创造性产业、创意经济、文化产业等。它是在全球化消费的社会背景下兴起的。它脱胎于知识经济，推崇个人创造力，强调文化艺术对经济的支持与推动。

有关学者认为，文化、设计、创意三者不可分离，文化是生活的精华，生活蕴含着创意。设计体现生活，离不开创意和文化。由此我们可以把文化创意产业界定为以创意为核心，以文化为灵魂，以科技为支撑，以知识产权的开发和运用为主体的知识密集型、智慧主导型战略产业。

创意产业的理解主要分为三种：第一种是以美国为代表的版权型。第二种是以英国为代表的创意型。第三种是以中国、韩国为代表的文化型。

近年来，中国故宫博物院的文创产品系列引起了惊人的热潮。其中，故宫博物院以《千里江山图》为设计灵感的文创作品更是推陈出新，将原图色彩进行剥离抽取，转变为珠宝首饰上最亮眼的那一抹蓝绿色，清丽秀雅，富有灵气。该系列首饰以青绿为质、金碧为纹，将青金石、孔雀石这两种宝石与贵金属结合，将青绿山水的灵动气韵融入现代珠宝。

3. 文创产品的概念

从广义上讲，产品是物质实体，是能满足消费者某种需求；从狭义上讲，产品指具有一定审美与使用价值，具有特定的形态和用途的被生产出来的物品。

文创产品是指文化创意产品，是设计师的设计灵感、智慧、技能的物质转化，指文化创意产业中的任何制品和制品的组合，即具有文化内涵的创新性的产品。其核心要义是对文化内容进行创新性转化。相较于普通商品，文创产品不仅具有买卖价值，而且是对文化和创意的展现，从而产出的高附加值产品。通过一个点子、一个创意，让一件产品附加上超出用户期待的价值，让其心甘情愿地接受溢价。如：湖北博物馆馆藏"越王勾践剑"文创U盘；苏州博物馆馆藏"吴王夫差剑"书签、创意毛绒抱枕。文创产品通过设计师对传统文化精髓进行挖掘、整理、理解、解读以及重构的基础上，结合时代特点、大众审美需求等因素在产品中注入新的人文内涵而设计出的"文化再造品"，在一定程度上提升了产品的附加价值。而这里的文化，不一定指传统文化，也可以是潮流文化、企业品牌文化等。

文创产品包含两个相互依存的部分：文化创意内容+载体。文创产品需要具备"源于文化主题，经由创意转化，具备市场价值"的特点。

二、文创产品设计的概念

文创产品设计是设计师运用个人的设计知识，汲取文化资源养分，并借助现代科学技术设计创造的文化创意产品。设计者通过特定的文化主题进行创意转化，设计出具备市场价值的文创产品。文创产品同样有广义与狭义之分，狭义文创产品是物质产品，具有文化主题、创意转化、市场价值三个特点；而广义文创产品既可以是物质实体，又可以为非物质形态的服务，包括任何能够满足人们需求的产品，但同样具有狭义文创产品的三个特点。

如以杭州西湖文化为背景设计的 G20 杭州峰会文化主题餐具，画面兼工带写，以巧妙的创意方式应用于餐具结构之上，将杭州著名的"三潭印月"中的石塔形象设计在半球形的尊顶盖上，达到了文创内容与产品结构的完美结合，淋漓尽致地展现了江南的文化气韵，在 G20 杭州峰会国际盛会中起到了传播中国优秀文化的作用。

第二节　文创产品的分类

一、基于结合方式的分类

基于结合方式的分类是以文创产品的内容、载体、结合方式三个基础作为分类的条件，将文创产品分为一体型与衍生型两大类。

1. 一体型文创产品

一体型文创产品以内容、载体、结合方式三者形成了不可分割的"一体化"关系。一体型文创产品的核心点是内容、载体、结合方式三者的融合与其对应的产品以特定的关系结合为一体。这样的文创产品无法独立存在于对应产品载体之外，即无法与其他产品载体进行广泛的结合。

一体型文创产品往往是从产品载体的结构、特性出发，创意内容针对性地以独特的方式融入载体。这种创意内容和组合模式应该被视为文化创意产品所体现的创意核心价值。

2. 衍生型文创产品

衍生型文化创意产品是以文化创意内容为核心的，其文化创意内容尤为重要，往往为具有知识产权的创造性 IP。将知识产权应用于市场上现有的产品载体之上，形成 IP 衍生品，是当今较为流行的一类文创产品。组合方法基本上是原始形态的表面组合，如通过印刷、雕刻等技术，将 IP 内容结合于现有产品之上，但不改变产品载体原有的具体结构。

二、基于用途的分类

1. 旅游纪念品

旅游纪念品，是游客在旅游过程中购买的具有地域性、民族特色的精美轻便的手工艺品或礼品，是值得珍藏的纪念品。在学术界，旅游纪念品并没有明确的定义。但是从归属的角度来看，旅游纪念品属于旅游商品。而旅游商品的定义比较明确，它是指供应商为满足旅游者的需要而提供的具有使用价值和交换价值的有形和无形服务的总和。

例如，以淳安麻绣的基础元素为核心的主题创意设计的文创衍生产品，将传统工艺与现代元素完美融合，让淳安麻绣千年的文化具有现代的朝气与活力，更贴近大众生活。

2. 影视文化艺术衍生品

影视文化艺术衍生品本身是为影视作品而重新设计的产品。一方面，因影视剧在社会大众中有着巨大的传播力和影响力，所以艺术衍生品可以借助影视剧的影响力，提升其本身的大众认知度和商业价值；另一方面，艺术家的创造力可以提高电影和电视剧的制作质量。

消费心理学认为，一些消费者购买影视文化艺术衍生品是因为他们的文化身份；一些消费者收集影视文化艺术衍生品，因为他们形成了持续购买的习惯；还有一些消费者则是出于炫耀的心理。一部分消费者相信电影是视觉的而非物质的，有些电影看了多次仍不能满足他们的占有心理。而电影的衍生产品是真实的，可以被感知，是存在于现实中的实实在在的物体，能够满足他们的消费需求，消费者可以通过购买影视文化艺术衍生品来满足自己拥有电影的想法和感受。

3. 生活创新产品

生活创新产品是伴随着经济与时代发展的脚步不断创新的结果。人们从过去的吃饱穿暖到如今的高品质追求，生活在一点一点地变化。为了享受高品质的生活，很多生活创新产品逐渐问世，从家居用品到办公用品再到户外用品，都变得更加先进智能。如地毯书桌，打破传统书桌的使用方式，直接坐在地毯上，翻转地毯边角，地毯瞬间变书桌。这款书桌表面是毛毯织料，毛毯软软的质感适合席地而坐，巧妙的是地毯背面的底层是金属，想要看书的时候只需将地毯一角折起，它就会固定住，变成小巧精致的书桌，不需要的时候它依旧是一块地毯。通过这款地毯可以直接地感受到各种各样的生活创意产品正在慢慢地便捷着我们的生活。

4. 艺术衍产品

艺术衍生品是艺术与商品的结合体，因原艺术品的价值而具备一定的艺术附加值。很多艺术名作声名远扬，但因多种原因，普通消费者无法拥有，而艺术衍生品的产生可以满足其消费需求。当然，艺术衍生品还包括当代著名艺术家限量发行的版画、复制品或印有艺术家代表作品的生活用品以及与艺术元素相结合的创新性的产品等。这些衍生品同样会起到宣传和提升展览品牌、引领大众艺术需求的效果。艺术衍生品的存在为大众深入了解艺术提供了新的途径，为当代艺术、原创设计与大众需求建立了桥梁。

艺术衍生品包括综合艺术、设计、新生活方式等要素。艺术家的加入在提高了艺术衍生品的艺术价值的同时，也正在形成规模化的产业价值链。一件优秀的艺术衍生品，应是艺术原作与创意完美交融的二次创作。

5. 品牌文创产品

在这个流行快餐式消费的时代，大量的快餐模式促使一部分人们开始寻找一些具有历史、文化、人文气息的有温度的设计，寻找物质与情感的共鸣。而品牌文创产品恰恰是通过设计与文化创意，让消费者产生情感共鸣，进而看见真实的品牌魅力。品牌文创，不是贴在商品上的标签，而是在产品基本属性之上，通过深入挖掘文化与精神内涵，使产品更具文化价值，这是消费者与品牌之间的精神共鸣；或者通过品牌的灵魂与温度、风格与个性的塑造，给予消费者耳目一新的消费体验。

虽然情怀与文化是品牌文创设计的着眼点，但不能忽视任何产品实现商业价值的最终目的，所以文创品牌在设计时需要注意如下几个问题：首先，充分考虑消费者的喜好，要知道如何与消费者建立情感桥梁；其次，除了文化与情怀，还应该考虑以什么样的形态展现在消费者面前，才能让消费者喜欢上它。品牌文创要在文化和消费者需求之间找到平衡点，这样才具有商业价值。如沈阳的工业城市文化品牌文创，植根于沈阳工业文化，以抽象迂回的管道图案组成"S"代表沈阳的阳，凸显工业城市属性。钢架结构、变压器辅助图形设计，唤起了人们对老工业城市文化的记忆与情感，唤起了人们对民族文化的记忆与情感，实现了品牌文创设计注重与消费者沟通情感的目的，呈现出有别于其他品牌的丰富样貌的效果。

第三节　文创产品设计的原则

一、功能性原则

功能性是文创产品设计的基本原则，也是产品设计的基础。不管是产品自身的性能、构造以及可靠性等物理功能，还是产品的安全性、便捷性等生理功能，抑或是产品在造型、色彩等所具有的心理功能以及在产品象征或产品展示个人地位、兴趣爱好等方面所具有和表现出的社会功能等，都是功能性的体现，是文创产品设计中所要遵循和充分考虑的。

一件优秀的文创产品首先应该具有基本的功能性，要能够直接或者间接地满足人们在物质或者精神方面的需求，通过新颖的创新思维、运用创新的设计方式促进传统文化和产品功能性的相互融合，进而才能设计和创造出具有民族文化特色的、有较强吸引力的、可以满足人们需求的文化创意产品。

例如，荆楚茶具设计。茶具是茶文化中最为瑰丽多姿的组成部分，该荆楚茶具设计的主题"玩味荆楚，品味荆楚"让传统的荆楚元素的纹饰交融于茶具。茶具外观造型大气大方得体，楚文化图案色彩风格简单，装饰淡雅。但是不论茶具装饰部分做得多么好，其功能性是设计基础。在注重审美性的同时更应该注重功能性。

例如：故宫香氛灯。巨大的"屏风"以故宫藏品"红色缂丝海鹤寿桃图红木雕花柄团扇"为原型进行设计创作。3D立体纹样取自于装饰养心殿的"轱辘线"图案，形似圆形方孔钱，寓意财源滚滚。袅袅升起的香薰烟气，配合"屏风"的灯光和纹理，似乎在悠然叙述着故宫的历史。

二、文化性原则

文化是文化创意产品的核心和灵魂，是影响消费者购买的重要因素，也是文创产品设计的关键。

一件优秀的文创产品既要具有文化识别的功能，又要可以传递文化信息。文化性原则是文创产品设计所要遵循的基本原则。

三、审美性原则

设计师在文创产品设计中一定要充分考虑现代社会大众的审美水平和审美需求，严格遵循审美性原则，进而创造出符合社会审美的产品，使社会大众可以获得美的享受，从而提升对于产品的关注和喜爱。

大部分产品都比较注重的是满足大众的实际使用需求以及满足大众的普遍审美情调，所以，文创产品设计要坚持审美性原则，通过富有新颖性和简洁性的产品设计体现出产品的审美性，在满足社会大众基本功能性的基础上最大程度地满足社会大众的基本的审美意趣，进而提升文创产品的审美性趣味。

四、创新性原则

随着社会和时代的发展，大众的审美观念以及审美需求等都在不断改变，文创产品也要能够紧跟社会和时代的发展步伐，所以，创新性原则也是文创产品设计所要遵循的重要原则。

在文创产品设计中要运用独特的设计思维，将传统文化与大众的多元化需求进行有效的融合，并积极寻求创新的设计手法和技术手段。在产品造型设计、色彩搭配、材质选择以及工艺等方面中实现创新，进而更好地满足社会大众日益多样化的需求。文创产品的创新设计也在一定程度上促进着文化创意产业的发展，为文化创意的发展提供了更丰富的载体。

五、工艺性原则

文创产品设计应从消费者出发，以人为本，满足消费者的需求。从挖掘产品功能出发，可以采用新材料、新方法、新技术降低产品成本。

新材料的出现和应用总是能够给人新的审美感受，从而给文创设计师新的灵感，为产品注入更多、更新、更有趣味性的元素。例如：敦煌藻井是敦煌莫高窟装饰艺术重要的组成部分，艺术家们在建筑顶部绘满图案纹样，表达天外之天的意境。本产品将磁铁与杯垫结合，每一块杯垫都是独立杯垫，根据实际需求，可以随意拼合成桌垫、盘垫等满足消费者的需求。置物垫使用磁贴橡胶材质，柔韧性强，可随意弯折扭曲，使用寿命长。

除以上五个原则之外，在文化创意产品设计中，还需要遵循目的性、互动性、系列化、品牌化、时代化、适度包装、符号学、产品语义学、体验经济、消费者研究等原则。

第四节　文创产品设计的方法

文创设计产业的重点在于如何运用设计来创造文化的附加值，将其变成可以营利的产业，形成美学经济和文创产业的文化属性。文化创意产品设计与创新经营模式，正是文化创意产业的核心技术。文化产品设计基本上是一个设计的转换过程，主要是将文化特性转换成特色产品。

一、观察—确定文化元素

在进行文创设计的过程中，通过观察用户作为设计的起点，文创产品设计出发点既可以是文化元素，也可以是用户。

（一）观察用户

观察用户是一个过程，唯一目的就是要发现特定用户的需求。第一，我们需要甄别用户。对特定人群采取问卷调查法+访谈法；第二，问卷分析；第三，绘制情景故事，找出并解决用户痛点。简要绘制故事板的过程是一个很好的数据采集和思路整理的过程。（明确故事角色、使用情节、环境氛围、整体感觉）根据收集的数据，在后续的设计中，针对性地解决用户需求，也为最终设计方案提供有力支持。

（二）观察文化元素

当选择从文化元素开始设计的时候，首先需要的依旧是"观"，只不过观察的对象是与当前文化元素相关的资料。目的是收集最原始的资料和素材。

当选择从文化元素着手的时候，千万不要在一开始想好设计什么样的文创产品，这样可以会错过好的创意。文化元素类型多样，范畴有大有小，只有在观察之后才能确定值得去表达的内容。"观"的内容是文化元素，"观"的方法和手段可以多种多样，并且是交叉使用的。文献研究法、田野调查法、分类比较法、观察法都是比较常用的方法。

1. 文献研究法

文献研究法也称历史文献法、文献调查法。搜集、分析、研究各种现存的有关文献资料（论文、专著、期刊、报纸、互联网等），从中选取有效信息，通过阅读、分析、整理相关文献材料，全面、正确地研究这一问题的方法。文献研究法的优点：（1）文献研究法超越了时间、空间限制；（2）比口头调查更准确、更可靠；（3）省时、省钱、效率高。文献调查是在前人和他人劳动成果基础上进行的调查，是获取知识的捷径。

2. 比较分析法

比较分析法就是对物与物之间和人与人之间的相似性或相异程度的研究与判断的方法。比较分析法可以理解为是根据一定的标准，对两个或两个以上有联系的事物进行考察，寻找其异同，探求普遍规律与特殊规律的方法。

例如：苏州园林。苏州古典园林是文化意蕴深厚的"文人写意山水园"。其苏州古典园林占地面积小，采用变幻无穷、不拘一格的艺术手法，以中国山水花鸟的情趣，寓唐诗宋词的意境，在有限的空间内点缀假山、树木，安排亭台楼阁、池塘小桥，使苏州古典园林以景取胜，景因园异，给人以小中见大的艺术效果。

3. 观察法

观察法是观察者实地地去看文化元素，资料看得再多，也比不上实地观察。实地观察的时候可以借助手机拍摄大量资料，也可以用笔记录下来或者用动态视频边拍边记录，还可以使用手绘的方式记录。这也是一种非常必要的手段。目标是记录一些有趣的，能启发创意灵感的文化元素的外观和纹样等。通过"观"的程序，先观察用户，用故事板记录他们的故事，再用问卷法、访谈法等获取数据，以发现用户的痛点。接着，继续使用故事板的方法把你的解决方案展示出来，在解决的过程中融入对于某一文化元素的表达。

二、思考-从文化元素到文化载体

（一）思考文化（文化表达方式）

目前，大多数博物馆和传统文化所衍生出来的文创产品品类大同小异，产品载体比较相近，书签、笔记本、冰箱贴、明信片、水杯、帆布包几乎成为文化元素的"万能载体"。如果文化元素和载体本身契合度不高，文创产品文化内涵自然无法充分展示。因此，对于文化元素依旧要进行深入的思考，再为其找到合适的载体。这也决定了文创产品文化附加值的高低和创意的优劣。

1. 外形和图案

外形和图案的应用是为载体附加文化元素过程中最容易的一种方式。前面提到的书签、笔记本、冰箱贴、明信片等"万能载体"都是较好的选择。同样是外形和图案的应用，在与不同载体结合的设计中，也会因为创意的不同导致迥然不同的效果。

以"太湖石"文化元素为例。太湖石是中国古代四大名石、奇石之一。由于长期受水浪冲击，产生了很多窝孔、穿孔，常以瘦骨嶙峋、千疮百孔示人。太湖石作为外形和图案，在其他载入上的运用就比在茶杯上合适，更能体现其文化元素特征。尽管很多时候我们提炼的仅仅是文化元素的外形和图案，但是应用方式并非平面贴图，可以借助材质和工艺让载体的形式创意无限。在应用传统文化元素的外形和图案进行文创产品设计时，有些文化元素需要保持"原汁原味"，比如名人书画，而纸胶带是非常好的名人书画载体。但是大部分传统文化元素需要进行提炼概括、打散重构，融入时尚化、现代化的元素后才能满足当下消费者的需求。

2. 行为和过程

行为和过程也是文化元素应用的形式，寻找文化与载体在操作上的相似性，并借由载体再现这种行为和过程，从而让用户感受文化元素本身包含的内容。

盘扣：是中国传统服饰中使用的一种纽扣。盘扣和旗袍一起成为中国的一种文化符号。盘扣的题材一般选用带有吉祥含义的图案。在请柬的设计中，设计师应用盘扣的打开方式，而不是仅运用盘扣的图案，在系扣的行为和过程中增加了用户的体验感。同时，"结"也寓意吉祥，给婚礼带来一种结百年秦晋之好的美好寓意。四川变脸娃娃：川剧变脸是一绝，是中华艺术瑰宝。在文创设计中，如果单纯将静止的文化元素简单地图形化后运用到载体上，势必会弱化其本身地文化特点。中国风游戏：在众多的中国风游戏，其虚拟性和可操作性为文化行为和过程的融入带来了便利，同时也是游戏本身的需求。尤其是在角色扮演的游戏中，中国风游戏除了利用中国传统色彩、特色建筑、服装、剧情、人物形象等营造氛围外，还以中国传统文化内容、民俗习惯丰富游戏内容，推进游戏剧情任务的重要元素。

3. 精神与意境

"只可意会，不可言传"大概就是精神与意境借由文创产品传达文化元素的最准确描述。对设计师文化修养是个考验。只有当文创产品能够充分表达出文化的深层次精神和意境，才能让用户对其表达内容心领神会，产生情感上的共鸣。

每个城市都有自己的风格和民俗文化元素，都有自己独特的气息。如果说北京遗留着皇城的大气，苏州就延续着千年古城的婉约。去北京的游客都希望带着一丝"皇城贵气"回家，而苏州的游客则希望能"搬"回一抹小桥流水人家的情怀。因为在情感深处，这就是他们的印象。情感设计是以人与物的情感交流为目的的创作行为活动。情感设计作为一种中间语言，可以在文化元素和载体之间找到契合点。

设计师要通过对产品的颜色、材质、外观、点、线、面、等元素进行整合，使产品可以通过声音、形态、寓意、外观形象等各方面影响人的听觉、视觉、触觉，从而产生对应文化元素的联想，达到人与物的心灵沟通并产生共鸣。

情感设计方法要在实用性基础上开展，侧重对"精神意境"的塑造，产品的艺术性更强，要从使用情景（环境）、产品、人三者间的关系来研究，注重用户体验设计。

例如：中国四大名绣（苏、蜀、湘、粤）因其特点和风格不同，很容易被人们分类，如果说蜀绣的色彩是明快，那么苏绣的色彩便是清雅。由此可见，尽管文化的精神和意境是一种无形的内容，但是设计是一种语言，它以其特有的形式（色彩、图案、风格等）将不同的文化元素进行准确的表达。

宋代的瓷器"语言"是简洁、雅致、温婉清雅，釉色淡雅恬静、整体温润内敛，体现返璞归真的中国风韵。宋人将艺术的审美延伸到生活的方方面面，他们强调内心感受，认为美在收敛、温厚、含蓄。对生活品质的追求，已经渗透到各种日常的碗盘、杯、盏中。于是，汝、官、哥、定、钧五大名窑便出现了，宋代堪称中国古代瓷器发展的鼎盛时期。

清代的瓷器"语言"是繁复、艳丽。清朝瓷器纹饰受到同时期绘画的影响，民窑瓷器写意写实并存，用笔豪放，官窑瓷器图案趋于规范化，用笔工整，注重细节，构图繁缛。总体风格轻巧俊秀，精雅圆莹，其中，粉彩最为突出并大肆盛行，逐步取代了康熙五彩的地位，成为釉上彩的主流。

情感设计除了有借助设计语言对文化元素进行表达的功能，还可以应用其产生的故事效应功能。

中国传统文化有讲不完的故事，潜移默化地影响着我们的生活，当看到相关文创产品时必然会产生心灵和情感的共鸣。

（二）构思文化应用（文化载体）

外形和图案、行为和过程、精神和意境，三者都是文化的表达方式和应用形式。"思"完文化应用形式后，就要"思"合适的文化载体。

1. 构思产品（头脑风暴、思维导图—创意）

借助头脑风暴法和思维导图两种工具可以帮助我们找到大量的创意，然后从中选择。文化表达方式和文化元素应用载体的思考是一个连续的过程，文化表达方式和应用形式并不是唯一的，可以借助思维导图将特定文化元素分为三个对应的方面去思考其载体。要注意的是，很多情况下，同一件文创产品上应用的文化元素数量及其形式不止一种。

2. 构思体验（故事板—设计表达）

文创产品的类别不局限于初级产品和工业化产品，也远不是服务类产品能概况的。所以对于文化元素的表达和传递，也可以借助体验为载体，用故事板等方法进行设计表达。

3. 设计尝试（创意迸发）

当确定人们的文化元素，确定应用形式与载体后，可以尝试进行设计，打破人们对于文化元素的思考框架。

（三）绘画——从文化载体到文创产品

1. 绘制草图

在完成了"观"和"思"之后，接着进入第三步"绘"。

不单是绘制方案，还包括文创产品的包装和演示版面。只有将其完整绘制出来，才能构成一个完整的文创产品设计表达过程。"观"在此阶段通过"观"用户、"观"文化寻找文化主题。再通过设计调研、分析后确定文化主题中的亮点元素。"思"用头脑风暴和思维导图等方法，思考合适的设计载体，用设计语言表达文化主题和文化元素。

草图是对设计思考过程结果的表现，它通过快捷手段准确地以图形图像的语言把设计师想要表述的内容进行呈现，即用视觉化语言呈现草图、效果图。视觉化语言可以跨国界、时空、语言、文字进行沟通。文创产品的草图绘制，根据"思"的结果进行。如果是以 IP 为引导原创文创产品设计，则从平面化 IP 形象绘制开始，再绘制 IP 形象应用在 T 恤等载体上的产品形状。

2. 绘制电脑效果图

由于设计图的表现重点不一样，绘制电脑效果的软件也不一样。一般来说，学平面的同学要熟练掌握 Illustrator 和 Photoshop。这两款软件是互补的。绘制立体的、以造型设计为主的文创产品则需要用 C4D。

3. 文创产品包装设计

包装是消费者对于产品视觉感受的第一步。文创产品的包装也需要和产品本身及所要表达的文化主题相匹配。好的文创产品的包装本身也是一件非常优秀的文创产品。文创产品的包装设计除了要配合运输、仓储、装卸等流通环节外，最重要的就是围绕文创产品的文化主题进行设计，向消费者讲述文创产品的文化与创意故事，有助于文创产品的展示，同时延长文创产品的生命周期。

第三章　文创产品设计类型

第一节　源于传统文化的文创产品设计

所谓传统文化，是由文明演化汇集成的一种反映民族特质和风貌的文化，是各种思想文化、观念形态的总体表现。世界各地、各民族都有自己的传统文化，本部分所述传统文化均指中国传统文化。传统文化丰富的艺术手法和形式有着深沉、恢宏、灵秀、简约、质朴和精致等多种特点。将传统文化中的优秀形式及元素应用于创意产品的设计中，不仅可以实现质量的提高，而且可以提升品位。按照一定的文化分类方式，文创产品设计中应用的传统文化元素来源可以分为物质文化和非物质文化两部分。

一、以物质文化为创意来源的文创产品设计

物质文化是有形的，如园林建筑、景观、服饰、历史文物等实质物体。随着旅游业的发展，各地的历史建筑已经成为文创产品设计的重要创意来源。

中国江南地区的园林历史文化极其丰厚，具有众多可塑的文化元素，接待了无数中外游客。然而，在江南的众多园林中，所售卖的很多文创产品缺少自身特色和文化传承，衍生产品形式单一，缺少创新。

以拙政园为例，其文化也可分为物质文化和非物质文化两个方面。文创产品设计作为传播中国传统文化的方法之一，也是继承和发展地域文化的主要手段。在进行文化元素选

择的时候，考虑到拙政园是四大园林之一的属性，最值得从园林文化内容主题中提取并融入文创产品中的典型文化元素无疑是园林中的建筑元素，这是最能够体现其独有的精神风貌和地域特色的文化元素。在此基础上，跳出园林文化内容主题文创产品中常见的载体，如明信片等，选择其他形式，让产品不仅具有同明信片一样的装饰性，而且具有功能性。

有的文创产品创意来源于花窗和中国画中的留白创作手法，利用花窗的镂空形式设计了一组木器灯具产品。搭配放置在台灯一侧的亚克力小容器，用户既可以在小容器中栽种迷你植物，也可把它当作收纳盒，让用户在体验自己动手的同时延续花窗在园林中的空间感，透过花窗仿佛身临其境看到了园林里的花草树木，同系列的夜灯增加了用户的购物选择。

有的文创产品则是从苏州园林的众多建筑元素中挑选了具有代表性的月洞门、花窗等进行图形的提炼，然后以提炼后的基本图形进行收纳盒的设计，以榉木和黄铜为材料，形成质感的对比。随四季物候的变化，用户可以放置办公用品、首饰等不同物品，突出其实用性。

此外，苏州园林中的飞檐翘角也是中国园林建筑艺术的重要表现部分，其外观多呈现为曲线或曲面，造型多变，或端庄、或轻盈；其色彩和皇家园林建筑金碧辉煌的色彩形成强烈的对比，在大片白粉墙的映衬下，黑灰色的小青瓦屋顶、栗色或深灰色的木梁架，给人带来淡雅、幽静的感觉。图创意书签选取四大园林之一的留园里三个具有特色的屋顶，作为书签设计的文化元素。书签的银色金属部分和黑色釉料填色部分共同打造出江南园林的特征，点缀其上的绿色让产品整体呈现出江南的柔美。书签下端加上从园林木质结构中提炼出的图形，使整套产品形成一组统一且各具特色的系列书签。

江南园林是中华民族优秀的文化遗产，如何让园林文化"鲜活""灵动""行走"起来，园林主题的文创产品将起到重要的作用。它们将为园林文化的影响力扩张增添动力，使园林不再只是矗立不动的千年宅院。

如果说江南园林包含着江南地区特有的文化元素，也是苏州这座拥有 2500 年历史的古城的重要文化元素，那么兵马俑和城墙就是西安这个十三朝古都众多文化内容中的重要文化元素。

子曰："非礼勿视，非礼勿听，非礼勿言，非礼勿动。"短短 16 个字集中反映了孔子对"仁"的理解，体现了中国礼仪之邦的优良传统。陕西某公司根据孔子这句短短的话语，结合秦始皇兵马俑的基本形象，设计了"兵兵有礼"系列憨态可掬的文创产品。卡通人物用手捂着眼睛、耳朵、嘴巴，或者双手背后，通过萌萌的动作诠释"非礼勿视，非礼勿听，非礼勿言，非礼勿动"的理念，并以此为基本形象设计了杯子、本子、卡通冰糕模等一系列文创产品。

同样是从中国传统建筑文化内容中提取元素，江南园林吸引人的是它的柔美，西安城墙吸引人的则是它自带的厚重历史。位于西安城墙上的一个主题旅游纪念品商店，城墙故事是城墙文创产品的聚集地，主要的文创产品都是基于再设计的城墙图形进行开发的，包括绘有城墙图案的帆布包、明信片、永宁门纸模、城楼便签台、金属城墙烛台等。

不管社会如何发展，衣食住行都是人们生活的基本需求。汉服衍生出的文创产品也是众多消费者所关注和喜爱的类型。汉服是汉族的传统民族服饰，其历史可追溯到上古时期。一直到明代，汉族都保持着服饰的基本特征，这一时期汉族所穿的服饰被称为汉服。汉服能体现汉族人儒雅内秀、神采俊逸、雍容华贵、美丽端庄的气质，但是它又不是简单的一件衣服，在汉服上浓缩了各种复杂的传统工艺，如蜡染、夹缬、刺绣等。因此，从汉服上可以提取的文化元素非常多。

如果想更好地传承汉服，既要保持其"交领、右衽、系带"等基本特征，也应该符合现代人生活习惯的特点，不能被形式所束缚。以文创产品定义为评判标准，改良汉服也是文创商品，并且其被接受的程度远高于原汁原味的汉服，在很多景区都有售卖改良汉服的店铺。改良汉服是一个让年轻人迅速接受汉服文化的方法，魏晋风汉服的大袖非常不符合现代人的生活习惯，在延续汉服基本特征的前提下可以不断创新，如把袖口进行缩小。

但是，对于以汉服图案为主要文化元素的创意设计，则要尽可能多地保留汉服的原有特征。以唐代服饰文化元素为基础，先进行汉服娃娃的图形设计，然后将图形设计应用在各种产品上，既可以是手机壳也可以是抱枕、杯子等。

当然，也可以从汉服款式图中提取部分文化元素融入产品中，实现汉服文化内容的表达和传递。

源于物质文化的文创产品的设计难度并不高，因为其本身的造型和图形就是设计师取之不竭的创意设计来源。然而，大多数物质文化都曾是和古人日常生活息息相关的实物，作为设计师，要思考的是如何避免把它们从实用性物品变为视觉化的物品，要让它们在现代生活中继续以日常用品的形式存在，让其继续成为人们的生活习惯，自然而然地达到传承文化的目的。

二、以非物质文化为创意来源的文创产品设计

非物质文化主要是指那些非物质形态的、有艺术和历史价值的文化内容，是人类在社会历史实践过程中所创造的各种精神文化，如吉祥文化、传统工艺、戏曲、节令民俗等。

1. 以吉祥文化为创意来源的文创产品设计

我国的吉祥文化源远流长，也和百姓的日常生活紧密相连。以共同的吉祥观为内涵，传统民俗为形式，传统民间工艺为手段，吉祥物品、吉祥纹样、吉祥色彩为载体，共同组成表达人们祈福纳祥的美好愿望的语言。

从新石器时代陶器上的陶文"日"和"月"连成一圈组成的装饰纹案，到西安半坡出土的新石器时代彩陶上多种形式的人面鱼纹，这些早期吉祥文化将图腾崇拜融于陶器之上，展现了原始先民的吉祥观，之后，这种吉祥观影响着整个中华民族的风俗习惯。

（1）吉祥文化的驱动作用。在中国人千年的生活实践中，"吉"与"祥"这两个字就是一种情感驱动符号，驱使着消费者认同其所承载和附着的产品，从而让游客愿意购买相关的各种类型的文创产品，在情感上驱动人们感受产品中包含的文化创意设计。

在苏州桃花坞木刻年画中，最受游客喜爱的产品是"一团和气"的年画。同"吉"字一样，"和"字也是吉祥文化元素中最能触动消费者情感的字。"和"代表着和气、和睦、和谐。古代思想家强调"以和为贵""和气致祥"，和合二仙象征着幸福。苏园花窗：花窗隐于园林中，民间宅院，透过花窗往里往外都是一种景象。苏式园林中，花窗是点睛之笔。设计师借用园林中的海棠花窗为元素，将花窗的精致及寓意赋予首饰中。海棠花寓意：玉堂富贵；海棠花花语：温和、美丽、快乐。再如：原创墨竹挂钟：中国古代文人雅士爱竹，也写了很多诗词歌赋来赞颂竹子。"宁可食无肉，不可居无竹。无肉令人瘦，无竹令人俗。人瘦尚可肥，士俗不可医。"从诗句中便可知道竹子在中国文人心目中的地位。吉祥文化不仅是其他传统文化推广的驱动力，而且是地域文化的活化剂，让具有差异性的地域文化借助吉祥文化重新融入人们的生活，进而促进地区文化创意产业的发展。

（2）基于吉祥文化的文创产品设计。想要基于吉祥文化进行文创产品的设计，必须先了解其语义和表达方式，吉祥文化的内容都不是直表其意，而是寄意于其他形象之中。寓意手法通常被归结为三类：一是象征，如石榴只是一种植物，因为其种子很多，所以象征着多子；二是谐音，如以具象的"蝠"表示"福"；三是表号，它既是某种形象的简略化，也是一种约定俗成的象征性代号，如由八仙的八件法宝组合而成的图案称为"暗八仙"。因此，基于吉祥文化的文创产品设计首先要从吉祥的表达方式入手，再结合恰当的载体进行创意设计，才能准确地传播包含吉祥文化在内的传统文化。

有些文创产品均应用了象征手法进行设计。同样是应用花窗元素，将苏州拙政园中花窗的图案与银饰工艺结合进行首饰设计。但是，图案的选择并不是随意地从花窗中提取的，而是在对蕴含在花窗中的吉祥图案进行调研和分析后才做出的选择。此款银书签手链中的花窗图案来自栀子花纹的花窗，栀子形的六个花瓣似如意头纹组成，中心组图如盘长，嵌两支万年青，象征吉祥如意、万年长青。

漏窗不仅使园林内的景物显得幽邃曲折，而且是漏窗中千变万化的图案雅俗并存，地域性的士大夫文化、民俗文化和吉祥文化相互交错，编织出丰富的文化资源，通过漏窗完美体现。因此，借由"银书签手链"传达的不单是吉祥文化，还有更多包含其中的内涵，然而最先打动游客的必定是吉祥文化。

再如整组陶瓷茶杯的设计借用了谐音"喜上眉梢"来表达吉祥的寓意，杯盖和杯身巧妙地将词组中的文字进行分割，当人们完成将杯盖放在杯身上的行为时，即完成了吉祥的表达。

这种以行为为媒介完成吉祥表达的方式，一直存在于吉祥文化中。"千门万户瞳瞳日，总把新桃换旧符"，古人过年时倒贴福字（寓意"福到"）就是以行为表达吉祥的一种方式，也是吉祥观的体现。虽然仅应用谐音图形符号也可以完成吉祥文化的应用，但是我们的设计不应局限在单一的载体之中，应使其更贴近生活，更具有实用性。

（3）吉祥文化应用在文创产品设计中的思考。吉祥文化以各种形式体现在我们的生活中，但吉祥行为、吉祥物、吉祥图形三者之间并不是孤立存在的。它们彼此相融，以不同的形态与其他文化相融，以实物或虚拟的产品形式呈现在人们的生活中。古代有"送瓜求子"的说法，这里送的瓜就是葫芦，送葫芦的行为构成一种祝愿，即祝愿对方的家族人丁兴旺。此外，葫芦本身就是一种吉祥物品，代表福禄，而葫芦的图案除了有子孙万代、多子多福的美好寓意，还是暗八仙图案之一（代表铁拐李）。人们在用葫芦的三种表达形式体现吉祥文化时，并不会刻意割裂彼此的吉祥寓意，所以，要避免把装饰当作文化，使其在文创产品的设计应用过程中失去本身具有的深刻内涵。

2. 以传统工艺为创意来源的文创产品设计

传统工艺指采用天然材料制作，具有鲜明的民族风格和地方特色的工艺种类和技艺。比如潍坊的风筝、天津的泥人张彩塑、苏州的苏绣以及不能以地域来划分的剪纸、漆艺、陶瓷、扎染等，这些传统工艺是历史和文化的载体。现在，设计师也需要为这些传统工艺寻找合适的载体进行创新设计，传承其所承载的历史与文化。

不同的传统工艺类别也要考虑其所具有的特点，使其与实际生活和用户需求结合起来，通过创意设计激活其新的生命力。

（1）剪纸。作为非物质文化遗产之一的剪纸，是中华民族非常普及的民间工艺和装饰艺术形式。南北朝墓葬中的动物花卉团花是目前发现得最早的剪纸实物，然而，学者们认为汉唐妇女贴在鬓角处的方胜（金银箔制成）或许是剪纸的更早起源。

作为一种传统工艺，其生命力和形式都随着时代的变迁而变化，越来越丰富的纸张种类和机器雕刻工艺的发展，使得剪纸的形式和功能有了扩展。这是社会的需求，也是现代人们日常生活的需求，就如同传统剪纸和传统民俗是息息相关的。任何一种艺术门类都不可能靠国家保护而传播，只有与社会的需求进行结合才能历久弥新。

目前比较常见的以剪纸为主题的文创产品多围绕传统图形进行创作，以单层传统剪纸装饰画的形态呈现，装在各类镜框中。图形是大家喜闻乐见的传统图形，寓意吉祥，以大红色宣纸为材料，其传统性被保留得非常好。

此外，借助机器完成剪纸工艺的纸雕灯也是文创产品中比较常见的类型，让剪纸工艺不再只依靠装饰性而存在，具有了实用价值。在多层剪纸装饰画后加上发光二极管灯带，成为具有实用功能的台灯。

端午节的传说和剪纸工艺为文化元素进行创意设计的一组纸雕灯，通过多层剪纸的图形组合讲述传说。端午节起源于中国，最初是上古先民以龙舟竞渡形式祭祀龙祖的节日。因传说战国时期的楚国诗人屈原在端午抱石跳汨罗江自尽，后来人们亦将端午节作为纪念屈原的节日；个别地方也有纪念伍子胥、曹娥等说法。虽然剪纸工艺的镂空手法在图形表达上别具特色，但是空间感不强，当以多层剪纸的形式组合成完整构图时，既保留了剪纸的基本特征，也让画面层次丰富起来。

对于剪纸这一历经千年的非物质文化遗产，还有更多创意形式可以应用在文创产品中，设计师可以运用其特有的魅力进行文创产品的设计，让更多的人了解剪纸艺术。

（2）漆艺。传统漆艺产品主要以艺术品和工艺品的方式呈现。漆艺艺术品多针对高端市场，以艺术家个人风格为主体，但由于受众群体的审美与欣赏水平的不同，决定了此类艺术品只能在小众群体内流行，数量与市场限制了漆艺的推广。以此为鉴，当漆艺运用在文创产品设计中，要摆脱纯装饰性的约束，融入人们的生活，尤其是年轻人的生活。让年轻消费者，即文创产品的主力消费群体了解和接受漆艺语言的独特魅力，从而实现漆艺文化的推广，也为传统漆艺产业的再次发展开辟新的方向。

以漆艺为基础进行创意设计的手机壳。首先，从十二花神中选取对应的花形进行图案设计；其次，主要运用蛋壳镶嵌手法完成图案的制作，蛋壳自身的自然龟裂肌理富有亲切、朴素的美感，增加了漆艺的图案表现力；最后，罩上透明漆。

（3）绞胎陶瓷。绞胎陶瓷是中国古代陶瓷装饰工艺中特殊的品种，由于工艺复杂，制作难度大，因此其产品类型和产量在很大程度上都受到了限制。早在唐代，古人就开始研究绞胎陶瓷，但是元代以后这种工艺便逐渐衰亡，直至现代，只有少数陶艺家对绞胎陶瓷做了初步的研究与探索。

绞胎通常是用两种不同颜色的瓷土，像拧麻花一样将它们拧在一起制成新泥料，再拉坯成型，或切成片状，最后浇一层透明釉烧制而成。由于绞揉方式不同，纹理变化亦无穷。因此，运用绞胎工艺制作而成的产品存在一定的偶然因素，每一次的作品都是孤品，都带着"世上唯此一件"的属性，存在不可复制性。所以，每次形成的纹样并不固定，有的像木材的年轮，有的像并列的羽毛，还有的像盛开的梅花等，这些精美的纹饰给人们以变化万千之感。

以绞胎陶瓷和现代银饰相结合制作而成的首饰，两者的结合实现了传统绞胎陶瓷文化的传播，亦创新了传统绞胎陶瓷的设计与运用，使其以一种新的形态出现，让年轻人有了喜欢上它的理由。每一件成品都要经过拉坯、打磨等几十道工序，充满着手作之美，最关键的是爱美的女性不用担心遇见和自己佩戴相同首饰的人。

严格来说，包含传统工艺的产品不一定就是文创产品，关键在于有没有对原有传统工艺的运用进行再设计。需要注意的是，创新并非标新立异、割裂传统，而是要在保证传统工艺的精髓和本质"不变味"的前提下推陈出新。

基于非物质文化进行设计的文创产品不局限于吉祥文化和传统工艺，与基于物质文化进行的文创产品设计相比较，它有着更广阔的形态创意空间，同时也增加了设计的难度，大多数情况下没有一个原形态进行参考。因此，基于非物质文化进行设计的文创产品一定要抓住文化元素的精髓。

第二节　博物馆的文创产品设计

文化创意产品的出现不仅让越来越多的历史文化资源"活"了起来，走入寻常百姓家，而且让更多的人愿意走进博物馆，感受中华文化带来的滋养与共鸣。

目前，国内已有数千家博物馆、美术馆、纪念馆围绕自己的馆藏产品进行了文创产品及其衍生品的开发。其中，故宫文创绝对是博物馆文创产业的引领者。博物馆文创产品设计制作根本目的：行以体神，器以载道，让更多的人愉快地接纳传承和教育。

一、博物馆文创产品设计发展的四个阶段

（一）第一阶段：复印文物形象，简单叠加

这是博物馆文创"亮相"的初级阶段，往往充当了博物馆旅游纪念品的角色。比较常见的是文物仿制品，还有马克杯、T恤、便利贴、书签、笔记本、冰箱贴等小件生活日用品或文具。

第一阶段的文创，通常是将文物按一定比例仿制，或者是将文物的形象、博物馆建筑图案、标志的元素直接印制到产品上面。其中，仿制品只有纯观赏性功能、缺乏实用价值，且定价较高，常有观众高呼"买不起"。

而印制图案类的文创设计普遍比较简单，只是直接、机械地复印图案，缺乏创新点。这样一来，文创价格往往两极分化，无法分层照顾不同群体的消费需求。

总体来说，第一阶段的文创主要是在博物馆里售卖，跨界幅度比较小，产品带给公众的吸引力不足。很长一段时间内，这是博物馆文创的主要呈现方式。

（二）第二阶段：提取文物元素，创意生活

第二阶段的文创少了"冰冷"，多了"鲜活"，开始留意提取文物中吸引人的元素进行产品设计。比如北京故宫博物院推出的朝珠耳机，就巧妙利用了朝珠和耳机外形的相似性，有人戏言戴上耳机仿佛瞬间"老佛爷附体"。

再比如上海博物馆的"天下一人"帆布包，提取了宋徽宗在《柳鸦芦雁图》中的签名画押进行设计，做成的帆布包极具个性。

第二阶段的文创，产品使用场景逐渐生活化，一个个既有颜值又有实用性的文创陆续走红。镇尺、手机座、帆布袋、雨伞……这些产品颇具个性的时尚感，既符合了现代人的审美需求，又满足了人们穿越时空的愉悦感，成功吸引了公众对博物馆文化的关注。这个阶段的文创，除了文具、日用品外，也开始有了电子产品、食品、护肤等种类新的尝试。

对于第二阶段文创，博物馆一方面严格把控质量，一方面在产品价格上有意识地进行分层设置，满足不同群体的消费需求。同时，销售渠道也从单一的馆内柜台，拓展到网络营销。

（三）第三阶段：脱离文物本体，挖掘内涵

这个阶段的文创，已进入到"大步"跨界阶段，打破次元壁，玩转流行文化。随着博

物馆跨界品牌授权合作的深入，各种各样令人耳目一新的"博物馆+"纷纷出现：+餐饮、+科技、+金融、+美妆、+旅游、+游戏……打造第三阶段的文创时，博物馆开始关注到知识产权的保护和利用，有意识地树立品牌形象，打造本馆特色 IP。同时加强网络销售渠道的宣传，开通网上多平台的销售渠道，且重视线上宣传力度、着意维护品牌形象。

这个阶段的文创，除了产品本身质量的把控，还注重其附加价值，比如颇费心思的包装盒，足以让产品再上档次。不少观众将博物馆文创作为赠送亲朋礼物的优质选择，可以说是人气满满。

（四）第四阶段：打破文物局限，拓展外延

第四阶段的文创，不仅是对于博物馆原有内容的开发，而且尽力扩大其外延，实现价值的自我创造，是跨界合作的又一次"升级更新"。

敦煌研究院：将反弹琵琶、飞天、骆驼、藻井、九色鹿、菩萨等特色元素融入文创中；跨界合作启动"数字丝路"计划，推出敦煌街舞程序、"敦煌诗巾"小程序等数字产品，形成了网络时代文创产品开发新模式，用大众喜闻乐见的方式，生动解读了跨越千年的壁画故事。

总体来看，第四阶段的文创，注重提高博物馆文化对于社会的影响力，极具创新意识和大局观。它们能够无限拉近博物馆与公众的距离，贴切生活，走进千家万户。

放眼全国，博物馆的文创产品开发队伍在不断地扩大；各类新文创产品相继面世，引领国潮消费新时尚。

二、苏州博物馆文创

苏州博物馆从建筑到产品体现了文艺两个字。百年来，明清两代苏州文人所创造的以"精细秀雅"为特色的苏州文化渗透进苏州的方方面面，也吸引着众多游客，苏州博物馆亦是以文雅为主打风格。

苏州博物馆旁是四大名园之一的拙政园，馆内一部分还是太平天国忠王府，向南步行五分钟就是狮子林。贝聿铭的设计让苏州博物馆建筑成为文创产品的设计元素之一，开创了国内博物馆建筑成为亮点的先河，并衍生出一系列文创产品。

很多博物馆都会以镇馆之宝作为文化元素进行文创产品的开发。在苏州博物馆文创产品中，最受参观者欢迎的一款是由镇馆之宝秘色瓷莲花碗衍生出的秘色瓷莲花碗抹茶曲奇。

在这件文物背后有着与秘色瓷和莲花两个文化元素相关的故事。秘色瓷莲花碗是一件越窑青瓷中的代表作，称得上是秘色瓷中的稀有作品，也是苏州博物馆三件国宝文物之一。秘色瓷始烧于唐、五代和北宋初期，其技术难度较大。五代时吴越王钱氏建国，在浙江上林湖置官监窑烧制青瓷，并将其列为宫廷供品，庶臣不能使用。整个器皿以莲花为造型，由碗和盏托两部分组成，釉层厚且通体一致、光洁如玉，如宁静的湖水一般清澈碧绿，恰似一朵盛开的莲花，荷花即莲花，历来被人们赋予出淤泥而不染的君子美德。随着佛教的传入，莲花被赋予了更多的内涵，并成为佛教艺术的主要题材之一。这件秘色瓷莲花碗不仅是一件精美的瓷器，同时也是一件境界极高的精神产品，艺术与佛法被完美地融合在一起。

秘色瓷莲花碗抹茶曲奇之所以被众人所喜爱，除了文物本身是苏州博物馆的镇馆之宝外，与其平易近人的价格和中国人"民以食为天"的信条不无关系。食品也是文创设计中的一个非常接地气的产品载体。

仔细观察苏州博物馆中的众多文创产品，大多是和地域紧密结合，围绕着"吴门四家"进行的。吴门四家也称明四家，分别是沈周、文徵明、唐寅和仇英，这也是苏州文化的重要名片。四人的画作对后世影响极大，也为文创产品设计提供了非常丰富、直观的视觉素材。

在明四家中，大家最为熟悉的就是唐寅（唐伯虎），虽然他的画作不是人人都能欣赏，但是唐伯虎点秋香的故事大家都耳熟能详。所以，以唐寅为文化元素开发的文创产品的品类不算多么特别，都是些最为常见的明信片、笔记本、手机壳、书签、文件夹等，却也自成特色，十分实用，颇受消费者的喜爱。

也许是因为苏州本身就是座文艺的城市，苏州博物馆的文创产品只要和苏州的文化元素一沾边就立刻变得文艺起来。无论是沈周玉兰缂丝真皮钱包，还是明四家彩墨限量珍藏套装墨水，或是文徵明特展中的衡山杯，消费者都能从中感受到浓郁的文艺气息，虽然载体本身都是非常实用的产品，但是往往只在特定场景下才会用到。比如沈周玉兰缂丝真皮钱包，钱包本身是实用的东西，但是缂丝的金贵让普通人用起来总是小心翼翼；再如明四家彩墨限量珍藏套装墨水，光是四色不同的墨水名称就雅致、文艺到了极点，产品具有染料墨水的渐变与流丽，配上唐寅的桃花一梦信笺，仿佛自己也成了桃花树下的桃花仙。

苏州博物馆销售过的最文艺，也是最令人瞠目结舌的产品就是文衡先生手植紫藤的种子。售卖的紫藤种子源自苏州博物馆内一棵由文徵明亲自栽种、有500年历史的紫藤树，这是其他博物馆无法模仿的"独一无二"的产品。

文徵明作为明代画坛的领军人物，赋予这棵百年古树不一样的情怀，其种子因此便有了一种苏州文脉延续和象征的寓意，通过这颗种子有一种思接千古的感觉，仿佛穿越回《姑苏繁华图》中的那个姑苏。

明四家有着说不完的故事，也有着说不完的文化元素。2019年年初，苏州博物馆还与某网店新文创跨界合作唐伯虎春日现代游，利用苏州博物馆的建筑外观及四大才子的人物形象，以春游穿越之旅为主题，设计出以2019春茶为主打的产品。分别是桃花流水之间、穿越时空之间、诗情画意之间、山水画卷之间四大主题，衍生出10款不同类别的产品。同时，苏州博物馆还精心策划了一场为期6天的"明代才子茶派对"，不仅有产品的体验，而且有场景的体验。所以说，文创产品并不一定是有形的，还能以"有形+无形"的方式存在。

在苏州博物馆众多的以茶为主题的文创产品中，这是一款既价格亲民，又十分雅致有趣的茶包——唐寅茶包。茶包上的唐寅成了一个潇洒风流中有一点呆萌的江南文人，似乎和影片《唐伯虎点秋香》里唐伯虎的形象重合了。在影片中，唐寅有这样一句台词："别人笑我太疯癫，我笑他人看不穿。"这似乎就是众人想象中唐寅的样子。某网站对于产品的评论是这样的：

唐寅和他的朋友祝枝山、文徵明、徐祯卿同为江南四大才子，都很喜欢喝茶，并留下了不少关于茶的"茶画"和"茶字"，其中尤以唐寅的《事茗图》和文徵明的《惠山茶会记》最为出名。唐寅在《事茗图》中的题诗标志了"文人茶"的境界："日长何所事，茗碗自赏持。"茶不仅是一种饮料，而且是一种生活方式。苏州博物馆换了种文艺的方式，随礼盒附赠《唐伯虎小传》，让消费者再次跨越时空，感受"文人雅集，醉卧风流"之趣。

三、敦煌研究院文创

敦煌研究院是我国拥有世界文化遗产数量最多的博物馆，也是一个特别的存在。如果说一般的博物馆开发文创产品都是为了借由载体传播文化，让文化融入人们的生活中，那敦煌研究院文创产品的开发就是为了原汁原味地将世界文化瑰宝"永久保存、永续利用"。

由于馆藏展品的特殊性，就算游客到了敦煌研究院也不能看到所有的洞窟和壁画。但是，为了让更多的人看到敦煌的每一卷、每一幅独一无二的壁画，敦煌石窟壁画已经过20多年的数字开发，已完成150个洞窟的数字化采集、120个洞窟的结构扫描、60多个洞窟整窟数字化处理，以及110个360°虚拟漫游全景节目等。

敦煌文化以及丝绸之路两段的发展历程带来以壁画、经卷、佛教、西域文化为元素的故事。而在众多故事中，令人最想探究的是敦煌莫高窟的形成和发展过程，以及它掩埋在黄沙中百年后又是如何被发现的，而这是一个有着 1000 多年历史的故事。这个故事通过情境融入式演出——《又见敦煌》得以重新展现，成为一种无形的文创产品。

有的观众甚至千里迢迢地来到敦煌只为体验一下这场演出，为何说是体验而不是观看呢？

当观众走进剧场后，在前三个场景中并没有固定的座位，而是跟随工作人员，随着剧情的发展走动。在第一个场景空间有左、中、右三个舞台，当表演正式开始后，演员依次走上舞台，他们将 1000 多年的历史时间线串联起来组成一个完整的故事，有的人物是和西域或者莫高窟有关的人物，有的是莫高窟里的壁画原型，每个人物都会有场外音为他们进行自我介绍。走五十步，观众就穿越了百年；动一百步，观众就穿越了千里。在穿越中，观众可以看到张骞、索靖、王维、唐宣宗、张义潮、曹义金、曹义金夫人、悟真和尚、王道士……

接下来，观众会随着工作人员进入一个新的场景。这一次，观众站在四周都是表演舞台的场地中间，这一部分主要讲述经书被卖的故事。表演的时候，正前方的墙壁上是一个模拟石窟的舞台，几十个"石窟"布满整个墙壁，数十个飞天女神会从墙壁上飞出来。当观众还沉醉在精美绝伦的飞天表演中时，王道士便登场了，他向观众讲述经书是如何被发现又是如何失去的。前面飞天的表演有多让人心醉，后面文物遗失的故事就有多让人心碎。

王道士对着菩萨忏悔与哭诉："你们为什么不放过我？"表演也让人读出了王道士面对经书和壁画保存时的无能为力。七年间，他也曾多次上书朝廷，却没能得到回应！因此，在这一幕中，那个导致莫高窟文物浩劫的王道士，在向象征敦煌文明的"母亲"的忏悔中得到宽恕。

再接下来，观众会进入第三个场景，上百个观众被分流到 10 多个不同的"石窟"中，每一个"石窟"的地板都是透明玻璃，玻璃下方和四周一人多高的墙面后都被挖空构成表演的小场景，场景虽然略有差异，但都是用来配合讲述同一个故事——一个埋在黄沙下千年的故事。

公元 312 年深秋的一个早晨，一名信使带着一批信件离开敦煌，正朝西边的撒马尔罕城奔去，其中有一封妻子写给丈夫的信："眼下这种凄惨的生活让我觉得我已经死了，我一次又一次地给你写信，但从来没有收到过你的哪怕一封回信，我对你已经彻底失去了希望，我所有的不幸就是为了你，我在敦煌等待了三年。"这是一位名叫米薇的粟特女子，在被经商的丈夫遗弃后，她和女儿滞留在敦煌。而这封信直到公元 1907 年春才被发现，可想而知，米薇的信未能送达撒马尔罕城。

当观众体验到最后一幕的时候，终于可以坐着观看前方的全息电影了。故事从西晋时索靖将军指挥三军的故事说起；紧接着，张义潮上台，他派遣 20 队人马返唐，只为带个口信，结果只有悟真和尚一人活着抵达长安，而对城门上的天子唐宣宗，他高呼"丝路通了!"尔后，光影一转，来到玉门关，王维站在关口吟出那首《送元二使安西》。

从汉到清，敦煌的历史与遗物渐渐沉入黄沙之中，然而，"是啊，当你俯下身去，捧起一把黄沙，故事就会在你的掌心里。拨开尘沙，又见敦煌。"这是一场普通的表演吗？不，这是一场文化的创意表达，将敦煌文化以故事的方式呈现给观众，这是无形的文创产品。

体验完表演，观众可以再去敦煌研究院的文创商店逛逛。在商店内常见的品类基本也集中在杯子、本子、纸胶带等其他博物馆内常见的商品。

在这些商品中，比较有特色的要数这款"壁上花开"瓷砖贴了。敦煌莫高窟的壁画充满了静寂、神秘的色彩，带有一种西域佛教的意境和风格，巴掌大小的文创产品并不能很好地传达这种需要一定空间才能营造出的文化内容。而这款瓷砖贴从敦煌莫高窟的多个洞窟中提取纹样元素，借助瓷砖贴这一载体，使消费者可以根据自己的喜好装饰家中的墙面。四种不同的图案在不同的空间，经由不同的人营造出不同的意境，每个人在自己的家中"幻化"出曾经去过或者没去过的那个敦煌，不同洞窟中的文化元素通过不同的空间再次透露和传达出敦煌文化的深刻内涵。

这是一件能够与消费者互动的文创产品，是一件元素与载体高度相匹配的文创产品，从而让文化的传达变得准确而简单。虽然我们可以用画册的方式替代《又见敦煌》讲述敦煌的故事，也可以用最简单的纸胶带再次绘出洞窟中的壁画，但是从《又见敦煌》到"壁上花开"，每一个故事传达的方式、元素运用的载体似乎都刚刚好。

文化元素的载体多种多样，但是总有几个是恰到好处、无可替代的。

四、主题博物馆文创

除了众多带有地域特点的博物馆外，还有一类博物馆——主题博物馆。无论是古代的还是近代的，任何一种艺术类型或具有收藏价值的物品一般都会有相应的博物馆，如昆曲博物馆、剪纸博物馆、汽车博物馆等，而且类型还在不断增加。同样，众多的主题博物馆也纷纷推出了自己馆藏物品的衍生文创产品。

主题博物馆推出的衍生文创产品基本上都和自身的主题紧密相关。如位于浙江省东阳市的中国木雕博物馆，它的衍生品以木艺制品居多；潍坊世界风筝博物馆的特色文创产品是为游客准备风筝的扎制材料和工具，让游客亲身体验扎制风筝的过程并亲手放飞；而在苏州状元博物馆祈求金榜题名大概是游客最想做的事了，游客可以将"金榜题名"的愿望写在木牌上，然后将其悬挂在馆内专门为游客准备的木架上，沾沾状元们的"运气"。

主题博物馆的文创产品只有和自身的主题紧密相关才能打动消费者。

五、博物馆文创产品并非元素的简单拼接

随着文创产业的发展与文创产品的热销，文创设计比赛也举办得越来越频繁。但是，很多参赛者在设计的过程中并没有很好地解读文物，也没有了解其文化内涵，只是将各种元素简单地拼接，这样的设计非但不能传播文化，还可能导致民众对相关历史文化产生误解。

当然，如果设计师仅将源于文化内容的原始图形"原汁原味"地应用在载体上，那就谈不上是创意设计。此外，应用的载体还不能脱离消费者的日常生活，否则就会影响文化传播的效果。所以，文创产品设计师不但要提升自己的文化解读能力和转化能力，避免让设计只停留在文化的表层认识上，而且要了解市场、了解各个层级消费群体的多元化购买诉求。

六、国内博物馆文创产品现状

从全国范围来看，故宫等博物馆文创产品的火爆只是"个别现象"，大部分国内博物馆的文创产品还停留在钥匙扣、书签、抱枕等纪念品销售的初级阶段，并且同质化严重。

文创产品的设计核心是创意，缺乏创意的设计是无法吸引消费者的；文创产品的基础是文化，只将馆藏文物中的文化元素贴在钥匙扣、书签、抱枕等载体上是无法准确传达文化内涵的。

一件好的博物馆文创产品究竟是怎样的？有专家认为，未来博物馆将成为公共创意的中心，而博物馆文创产业将会是一种针对博物馆的人文体验，好的博物馆文创产品可以将博物馆的记忆长久储存。可以说，我国的博物馆文创行业还处在初级阶段，但是也意味着其前景十分广阔。

第三节 IP引导的文创产品设计

如果说由传统文化和博物馆文物主导的文创产品所讲述的故事是单集精彩大片，那么基于某个文化主题所打造的文化IP的出现，就是要以此为元素讲述系列故事，IP就是这个系列故事中的主角。

现在几乎所有的文创产品都在借助或者创造IP以延长其所衍生的系列文创产品的生命周期，文创产品几乎到了"一切皆IP"的时代。这样的现状离不开自媒体的快速发展，大家都在借助自媒体讲故事，只要故事讲得好，各种IP都有可能被炒作起来。网络剧、畅销书等都有IP出现，在这之中也有博物馆的IP。

一、从"IP"到"IP文化"

IP究竟是什么？IP原本是"Intellectual Property"的缩写，即知识产权。而现在它有了新的定义：特指一种文化之间的连接融合，有着高辨识度、自带流量、强变现穿透的能力。我们将这种长变现周期的文化符号称为"文化IP"。因此，文化IP也从最早的文学、动漫和影视作品延伸到传统文化等其他领域。

苏州博物馆的"吴门四家"、陕西历史博物馆的"唐妞"、敦煌研究院的"飞天"都算得上是各大博物馆重点开发的文化IP，这些文化IP都可以在几大博物馆的网店首页迅速搜索到相应的标题或衍生文创产品。

文化IP的基础依旧是文化内容，并且各IP以其优质的原创内容或文化元素的重构聚合了一批初代粉丝，通过衍生成影视剧、游戏、文创产品等方式使粉丝群体以指数级增长，同时反哺原始文化IP。两者形成相互支撑、相互融合的生态链条，最终文化IP价值得以转换、变现、放大和生态化。

二、文化依旧是基础

IP这个词刚出现的时候，有些人认为IP仅是一部小说、一部电影或一个人，其实这些只是IP的输出方式。IP自带流量，是以具象化形象为载体的感情寄托，不同国家的文化各不相同，因此，流行的文化IP也会不同。

IP 形象只是外在的形式，IP 本身包含的文化内容中的故事与元素才是基础。

高髻峨眉、面如满月、体态丰满、宽袖长裙，漫画人物"唐妞"一出现，迅速获得了人们的喜爱。与其说人们喜爱她的外在形象，不如说人们喜欢的是以中华传统文化为魂、以唐朝侍女俑为原型打造的原创 IP 形象。

在 2019 年青岛国际版权交易会蓝谷 IP 国际高峰论坛上，唐妞的创作者介绍道，唐妞的出现始于讲好唐文化故事的目的，最终从陕西博物馆收藏的文物中选定了唐朝的侍女俑，从中提炼元素，使其成为更可爱、更萌的 Q 版唐妞，同时也保留中国传统国画的特色。现在，唐妞已成为陕西省历史博物馆的形象代言人之一。

支撑唐妞这个 IP 形象的是唐文化，唐妞是有着深厚历史文化背景，融合西安十三朝古都历史文化底蕴的一个原创且独特的卡通人物，以历史情感为切入点吸引消费者。如果说唐妞 IP 所衍生出的一系列文创产品是一个个小故事，那后续的《唐妞丝路日记》《唐妞说长安》《唐妞说日常漫画》《唐妞的二十四节气》《唐妞读唐诗》就是以唐妞这一形象为故事主角开启的一系列精彩大片。可以看到这一系列的文化内容都是围绕着与唐文化相关的元素展开的，这也是唐妞 IP 衍生出的所有文创产品的基础。

同样是人物 IP 形象，体态俏丽、持乐歌舞、翱翔天空的敦煌飞天 IP 形象所象征的则是向往自由、勇于探索、超越自然，以及一种积极向上的美学基调。此外，飞天还包含佛教因素并蕴含"天人合一，和谐发展"的哲学思想。由其衍生出的文创产品中最吸引消费者的是其蕴含的独特美学元素。

兵马俑被誉为世界第八大奇迹和 20 世纪考古史上的伟大发现之一，并被列入《世界文化遗产名录》。说起秦朝，很容易让人联想到"强大"二字，历经商鞅变法后的秦国拥有了强大的经济实力，远交近攻的战略加上良臣杰士，以及一路所向披靡的秦国军队，这些无疑都是秦始皇兵马俑博物馆值得打造的 IP 形象，其中秦俑 IP 象征的是拥有钢铁般意志的铁血战士。

坚韧砥砺的秦人秦国与冷暖相伴的大秦精神组成了真正的大秦帝国。这种精神，延续千年而不朽，在现在，依然指引着我们前进的道路，这也是秦俑 IP 吸引消费者的主要原因。

上海博物馆主打的 IP 是董其昌，其衍生出的文创产品主要是和书画有关的文具用品，这也是"董其昌"这个 IP 的文化来源。董其昌，松江华亭（今上海市）人，是明朝后期大臣，著名书画家，擅画山水，为华亭画派杰出代表，其画作及画论对明末清初画坛影响甚大。以董其昌书法作品和色彩鲜明的画作局部图为元素制作而成的文创产品，无论是复古风纸胶带还是真丝材质的围巾，都力求表达出一种"妙在能合，神在能离"的境界。

相较于各大博物馆丰富的馆藏品，主题博物馆的 IP 内容就比较单一，甚至其中大部分博物馆对于自身的文化内容还没有进行相应 IP 文化内容的重构。

桃花坞原是苏州的一处地名，位于曹雪芹笔下的风流富贵之地——阊门内北城下，因桃花坞木刻年画曾集中在这一带生产而得名，与天津杨柳青木刻年画有"南桃北杨"之称。现在的桃花坞木刻年画博物馆依旧坐落在桃花坞，具体位置在市级文保单位朴园里。年画对于中国人来说有着浓浓的吉祥意味，桃花坞木刻年画中的桃花更是为这份吉祥添足了分量，因为桃文化在中国传统文化中充满了吉祥的寓意，民间百姓认为它可以纳福避灾。在博物馆内也栽种了许多桃树，博物馆内小径上有鹅卵石铺就的"福寿双全"，花园里有"和合二仙"石，此外，还在博物馆的特定场景内对年画的贴法进行了展示。商店里的是"招财进宝""开市大吉"，寓意财源茂盛；客厅里的是"三星高照""八仙过海"，寓意高朋满座；卧室里的是"花开富贵""早生贵子"，寓意夫妻之间和和美美。

年画常常被局限在春节使用，只作为寓意吉祥如意的图案而出现。此外，真正了解它们的人少之又少。例如，极少有人知道门神其实有三对组合，而且他们的故事生动有趣，又充满祝福的意味，完全可以衍生出众多可日常使用的文创产品。可惜的是，它们被设计师忽略了。虽然它们依旧以原汁原味的年画图案在每年春节准时"出镜"，但是，谁说年画和年画里的角色非得在春节才能"出镜"呢？也许"90"后和"00"后们看到由有趣的年画人物和图形衍生的挂饰后愿意用它们替换书包上的那些挂饰。比如可以将八仙人物形象或者苏州桃花坞木刻年画中的暗八仙的纹样进行重新设计，然后以挂饰为载体，相信会和青少年喜爱的各种钥匙挂扣中的卡通挂饰一样受到青少年的喜爱。

虽然神像图腾、戏文故事、民间传说、吉祥喜庆、风土人情、仕女儿童、花卉鸟兽等均能入画，也可衍生有趣的文创产品，但一定要保持原先鲜艳夺目的色彩、丰满均衡的构图、明快简洁的线条与质朴生动的形象，这些都是基础。如果要像其他博物馆一样选一个最值得打造的 IP 形象，苏州桃花坞木刻年画博物馆首选的就是"一团和气"。

宋代朱熹《伊洛渊源录》卷三引《上蔡语录》："明道终日坐，如泥塑人，然接人浑是一团和气。"明代成化皇帝朱见深为强调皇室团结，以免萧墙之祸，特绘"一团和气"作为号召。在和气可亲之外又添进了"团结一致，和睦相处"的含义，也是桃花坞年画"一团和气"的精髓。

博物馆的 IP 可以比较容易地借助博物馆自身的流量招募到众多粉丝，在中国传统文化中也有众多内容值得并且可以进行转化。然而目前国内大部分的非博物馆原创、与中国传统文化相关的热门 IP 基本都是以影视剧为主。

众多仙侠类影视剧让更多人喜爱上了古风文化，渐渐形成各种古风主题的文化 IP。关于"古风"一词，在中国古籍中是指在当时社会已经逐渐衰弱或者濒临消失的某种风俗习惯，该词在《论语》中指前朝礼乐制度背后的风俗习惯和精神风骨。由此可见，对古风文化的追求在古代社会便有，表现的是某一历史时期人们对前朝社会文化和思想的怀念与传承。2005年，由古风音乐逐渐发展的文化运动悄然萌生。随着传统文化的兴起与不断扩大以及后来仙侠小说的风靡，由此改编的影视剧被大众广泛接受，这一系列的发展促使古风文化的影响范围越来越广。古风文化的内容非常广泛，它主要是指以弘扬中国传统文化为基调，以传承中华民族优秀精神为支撑，以音乐、小说、诗歌、服饰、绘本、影视剧、广播剧等为表现形式，结合传统艺术、文学、语言、色彩等诸多中国元素，不断磨合发展而来的一种表现中国传统文化的文化形式。

三、创意仍然是核心

靠着电视剧同款诞生的文创产品终究是少了分创意，并且产品也受到了道具设计之初所蕴含的文化内容准确性的影响。文化中的故事和元素是前史的遗存，很多已不符合当今潮流，因而需对其文化重新进行解读和创意的表达。

中国国家博物馆（以下简称国博）收藏了140万余件藏品，独家藏品有人面鱼纹陶盆、大盂鼎、后母戊鼎、鹳鱼石斧图彩陶缸等，充分展现和见证了中华5000年文明的灿烂辉煌与血脉绵延。国博针对这些珍贵的藏品提出了"把国宝文明带回家"的理念，对其进行深度挖掘，二次开发藏品的文化内容，使文创产品成为博物馆展览功能与教育功能的衍生品。

国博可以开发的IP内容非常多，想让这么多的文化内容迅速走入人们的日常生活，IP授权合作是国博选择的方式，馆内的众多陶器、青铜器、瓷器、书画以及基于藏品二次开发的IP资源图库，通过授权实现了馆藏文物和文化元素与品牌的对接，同时也提升了品牌的文化价值。

恭王府是清代规模最大的一座王府，最吸引游客的是恭王府内号称"天下第一福源"的福字碑。该碑位于北京恭王府花园密云洞内，碑上的福字是清康熙皇帝御笔，所造的"福"暗含子、田、才、寿、福五种字形，寓意多子、多田、多才、多寿、多福。中华民族自古就有祈福、盼福、崇福、尚福的习俗。这也成为恭王府博物馆文创产品设计的重要文化元素，以此为文化IP内容能够轻而易举地吸引各个年龄段的粉丝。据报道，恭王府的文创产品销售收入接近其总收入的50%，这在文博业中并不多见。

为了让更多的年轻人了解和喜爱传统文化，在2016年，恭王府与国漫IP合作，把传统文化的内涵，尤其是恭王府的福文化以富有创意的方式进行表达和传递。

通过文物及其衍生出的文创产品，消费者想要看到的是其内在的文化，并通过它们看到特定时代的样貌。《清明上河图 3.0》高科技艺术互动展演不借助文物、不通过文创实物产品，同样可以让消费者看到北宋城市的宏大规模与气象。这是一场别样而精致的展览，《清明上河图 3.0》展馆约 1600 平方米，共有《清明上河图》巨幅互动长卷、孙羊店沉浸剧场、虹桥球幕影院等三个展厅，借助科技从各种维度最大化地营造观展的沉浸感和互动性。

在故宫的百万件文物中，《清明上河图》有着不可替代的国宝级地位，画卷中展示了北宋时期丰富的城市生活，如连续的茶楼、酒馆、餐厅与汴河上的拱桥；人们争相外出游玩或在城内工作走动，行人中有绅士、仆役、贩夫、走卒、车轿夫、作坊工人、说书艺人、理发匠、医生、看相算命者、贵家妇女、行脚僧人，以及顽皮儿童等。

无独有偶，借助特定技术的《姑苏繁华图》也为观众呈现出一个动态的、可以互动的清朝时期苏州繁华的社会面貌。《姑苏繁华图》以长卷形式和散点透视技法描绘了当时苏州"商贾辐辏，百货骈阗"的市井风情，是继宋代《清明上河图》后的又一宏伟长卷，全长 1225 厘米，宽 35.8 厘米，比《清明上河图》还长一倍多。

但是，新技术只是创意的手段，跨界合作也只是创意的方式，文化内容始终是第一位的，因为设计文创产品的最终目的是传承文化和传播文化。

四、人格化是连接受众的纽带

有了文化和创意后，想要某一主题的文化 IP 吸引更多的消费者，通过人格化 IP 形象往往可以连接粉丝能量、积聚流量。

基于超级 IP 开发的文创产品并不是简单的形象衍生，文化元素不仅要加上创意，而且要注重 IP 背后人格化的塑造，才能构建真正的超级 IP。超级 IP 的建立不单单可以为文创产品带来丰富的创作内容，还可以向下延伸，衍生出更多形式的产品。整个 IP 产业链可以划分为内容层、变现层、延伸层、支撑层。从最上游的以网络文学、漫画、表情包以及传统文化为主的内容层，到中游以电影、电视剧、网络剧、游戏以及动画等领域为主的变现层，再到包含衍生品尤其是文创产品、主题公园、体验馆等的延伸层，IP 连接着特定主题的传统文化，让其有了各种状态的表达和传播方式。

第四节 文旅融合下的旅游文创产品设计

文化是人类所创造的精神财富和物质财富的总和，并且具有一定的地理性、物质性、历史性、传承性，而旅游是实现文化传承和发展的载体，文化是旅游的灵魂，文化和旅游的结合生成了一种将人文旅游、社会旅游和自然旅游等相结合的流行新形式。这种新形式不仅可以带来令人身心愉悦的美景，而且对经典文化资源所衍生出的旅游文创产品的创新性、独特性提出了更高的要求。下文以乌镇为例进行介绍。

在文旅融合的背景下，除了各种主题文化乐园，水乡文化无疑是江南地区最吸引人的一个旅游主题。江南的古镇很多，比较有名的有同里、周庄、西塘、南浔、角直和乌镇，然而，当乌镇率先创新性地把自己从水乡古镇打造成文化小镇之后，它和其他江南水乡之间的差别便一目了然了。到目前为止，它是江南古镇中保护性开发得最好的一个，也是旅游发展最快的一个。乌镇景区已不是单纯的观光游景区，而是一个集休闲度假、养生养老、文化创意于一体的国际休闲文化小镇，在完成 IP 重塑的同时也形成了一系列崭新的古镇旅游文创产品。

乌镇作为一个水乡古镇，是人们休闲度假，感受江南烟雨蒙蒙、诗情画意之景的好去处。乌镇的特色产品涵盖了衣食住行，有草木染的衣物可穿、有乌镇果子可食、有乌酒可饮、有临水的客栈可住、有乌篷船可行。虽然乌镇本身作为一个水乡古镇的"大"文创产品，给用户的体验非常好，但是具体到衣食住行的具体实物产品和其他水乡古镇的产品相比差异依然不是很大。

一、创 IP

乌镇唯一区别于其他水乡古镇的文创系列产品是"乌镇福鱼"。乌镇福鱼是大黄鸭之父霍夫曼参考大黄鸭的设计理念设计的一件作品。福鱼，应用中国吉祥文化中谐音的表达方法，即富裕。到了水乡，怎能不捕一尾福鱼带回家，当福鱼被制作成一系列商品之后，自然就非常受欢迎了。福鱼这一 IP 成为乌镇第一个被系列化打造的形象，其形式也衍生出除 T 恤之外的手账本、手拎袋等文创产品。从福鱼系列产品中可以看到，古镇文创产品的开发要以古镇历史文化为魂，依托一定的物质载体，将文化融入其中进行旅游开发，使得文化符号化，并通过特定的符号叙事语境形成特定的文创产品。

二、延续本身的物质文化遗产

乌镇作为一个有着 1300 年历史的古镇，除了通过结合本身的特点创造新的 IP 衍生出旅游文创产品外，还可以通过对原有的物质或非物质文化进行旅游文创产品的开发。

乌镇的草木本色染坊位于西栅景区，在这里可以看到蓝印花布传统印染工序，如果感兴趣，还可以在此体验挑布的乐趣，做一块自己喜欢的蓝印花布。前店后坊的模式沿用了之前乌镇人开店的模式，如果不想自己做，可以在前面的店铺中购买现成的包与衣服。染坊有着浓浓的江南味道和传统工艺特色，纹样设计、花稿刻制、涂花版、拷花、染色、晒干都遵循着祖辈留下的工艺。晒场中高高的架子上挂着的蓝白色花布在阳光下看起来很美，以此为背景拍上一张美照已成为其不同于其他景点的特别体验。

乌镇也将乌镇蓝印花布的这抹蓝色打造成为乌镇的一个特"色"。蓝印花布最初以蓝草为染料印染而成，是我国的传统民间工艺，距今已有 1300 年历史。古籍《二仪实录》中记载："缬，秦汉间始有。"缬，是印有花纹的丝织品。在宋代，蓝印花布工艺日趋成熟；明朝设有织染局，基本上垄断了织染业；直至清朝，民间染坊开始涌现。乌镇是蓝印花布的原产地之一，现在乌镇是仅存不多的蓝印花布产地。悠久的历史和仅存不多的产地之一，也值得让乌镇将其打造成为自身的一个重要文化符号，各民宿门口的指示，小吃店内的桌布，还有阿姨头上的方巾等，几乎随处都可在乌镇看到蓝印花布元素。

蓝印花布的原料土布及染料均来自乡村，工艺出自民间。旧时，浙江一带的农村家家户户都使用蓝印花布，窗帘、头巾、围裙、包袱、帐子、台布等都可以用它制作，其曾是人们不可或缺的生活元素。本身非常接地气的特色使其极其适合被重新设计，并再次融入消费者的日常生活中。在一些小店里也能看到以蓝印花布为文化元素设计的文创产品，比如手账，但是这种贴图式的传达方式比起带着土布特有质感的包、衣物等，对于游客的吸引力下降不少。

除了蓝印花布，乌镇还有三白酒、花灯等物质文化，与蓝印花布店铺的门庭若市相比，花灯店铺则是门可罗雀。与蓝印花布品类繁多的衍生产品相比，花灯的衍生品几乎为零，其依旧保持着传统的形态和功能。但是，到了乌镇的元宵节，游客一定会增加购买的欲望，哪怕是在平日里，只要了解到乌镇"提灯走桥"的传统，很多游客忍不住要体验一回。古时，在元宵节这天，乌镇的居民会提着灯笼走过十座石桥，寓意着和过去告别，亦象征十全十美，在新年里讨个福寿双全的吉利。现在，游客可以提着微弱发光的灯笼，穿梭在西栅的夜景光影间，用最古老的方式提灯走桥，融入江南的水乡之中。这种行为文化也是文创产品设计的一项内容，同样可以衍生出各种创意满满的旅游文创产品。

3. 延续本身的非物质文化遗产：独特的体验也是文创产品

手里提着祈福的灯笼，如果还能穿上一套美美的汉服，那便真的仿佛穿越回千年前的梦里水乡了。每年10月是乌镇的戏剧狂欢节，海内外的游客蜂拥而至，为的是体验戏剧氛围；西塘每年11月初都会聚集众多汉服爱好者，以体验中华传统服饰文化、礼仪文化。所以，独特的体验也是各主题乐园、景区能够带给消费者的独一无二的文创产品。

随着汉服越来越火，穿汉服出行的人也越来越多，很多人没勇气在大都市穿汉服出门，到有着古朴建筑的古镇体验一下汉服便成了不二之选。乌镇等水乡古镇都有汉服体验店，商家可以帮客人化妆、做造型，店里也有非常多的服装和发饰可供选择，还可以配上各种小道具，如团扇、油纸伞、绣花鞋、汉服包等。

文旅的融合让人们在游览的同时不仅想要享受美景、快乐，而且有了对知识的渴求。由于汉服价格较高，并不容易将有关汉服的传统文化进行推广，但是汉服体验为汉服文化的传播提供了一个新途径。

第四章　文创产品设计创新思维方式与技巧

　　本章系统地介绍了文创产品设计中的创新的基本方法与思维模式。创新思维是指运用新颖独特的方法解决问题的思维过程，通过这种思维方式能突破思维的常规界限，由于其非常规甚至反常规的方法、视角，往往能产生新颖的、独到的、与众不同的解决方案。

　　一个产品的创新涉及新的生产方法、新的生产要素、新的工艺、新的技术、新的行销方式、新的市场。同样，同学们的学习方法也要创新。创新有很多方面，如思想创新、行为创新、设计创新等。之所以崇尚创新，是因为创新可以改善工作、生活质量，提高观念意识，提高工作效率，对社会、经济、技术产生深远的影响。

第一节　创新思维的途径

　　在艺术设计过程中，创新思维方式是多元的，单一的方式未必能达到所设想的目的，因此，只有将多种不同的方法结合在一起，并随着社会的发展不断地更新、整合，才能助力设计理想。

一、物质需求的创新

　　满足人们不断增长的物质和文化生活需要，是产品创新的根本目的和根本动力。没有社会需求，产品创新就会失去方向和目标，也会失去进步的动力和源泉。在产品创新设计初始阶段，根据物质需求发展趋势来确定产品发展方向是一种拓展思维的便捷方式。物质需求的创新可以分为实用型优化创新、科技进步型创新、改良型产品创新。

1. 实用型优化创新

实用型优化创新主要是指安全性、实用性的优化创新。

（1）安全性优化创新。安全性是功能与审美的内在构成要素。产品的基本特点是实用与审美的结合，优美的外观是为了迎合消费者的审美所需，而产品的美又必须建立在完善的功能上。满足人的物质生活或精神需求是产品的设计与生产的直接动因，但这一切的前提是，产品首先必须具备安全性。安全性在产品设计中的体现主要是：心理性安全设计、生理性安全设计、伦理性安全设计。

安全性在不同设计时期，被关注的点各有不同。传统设计中更多注重于人的心理安全需求，技术、工艺为产品心理安全设计服务。而随着科技的发展，产品设计是否符合人体工程学的原理，则是现代设计中最基本的一项生理安全准则。随着时代的不断进步，人文关怀意识的提升，未来的产品设计将会更多地关注特殊人群产品的伦理安全，提倡绿色环保与人文关怀。好的设计师应适应时代潮流，设计具有时代价值的产品。

例如，盲人插座转接器是为盲人设计的插座转接器，可以配合普通的插座和插头使用。环形磁性电极通过磁铁力使插头可以轻易连接到插座上。插座转接器能够自动分离的设计，能避免盲人绊倒。贴心的盲文标签的设计，方便盲人操作插座。

总之，只有始终紧随现代设计发展的步伐，灵活运用设计原则，统一不同层次的安全需求，才能使设计有所创新、有所突破。

（2）实用性优化创新。作为产品，首要的价值就是实用性，它是检验产品价值的重要标准，任何创新都需依托于此。实用性既包括产品在现实生产、生活中的具体用途，也包括产品为人们所带来的主观感觉与精神享受。新颖性与实用性在以往大多数的创新研究中被视为一体，而事实上，在具体的创新实践中，新颖性与实用性之间有着明显的不同，两者之间可以说是相互依存的关系。

创新产品设计的实用性原则非常重要。毕竟没有实用性，设计作品必将成为纸上谈兵。所谓产品设计，首先体现在满足生活需要上，不切实际的产品不适用于社会需求，完全停留在概念上的设计不能促进产品设计的发展。

2. 科技进步型创新

科学技术的突飞猛进推动着人类社会的发展。新的科技成果应用于社会生产，为普通人享受时代科技的进步提供了机会，众多新型科技产品以其优越的科技性能，颠覆了人们对产品的认知。

3. 改良型产品

改良型产品是指在原有产品的基础上进行改进，使产品在结构、功能、品质、花色、款式及包装上具有新的特点和新的突破，改进后的新产品，其结构更加合理，功能更加齐全，品质更加优越，能更多地满足消费者不断变化的需要。

改良型产品的开发对于企业的发展具有重要意义。一般来说，一个全新产品从设计到市场运营需要相当长的时间成本，企业的运营成本会大大增加。因此，尽管新产品更富有创新性，但由于生产工艺及生产成本等因素的制约，推向市场的产品更多是在原有传统产品基础上不断改进、完善、提高而开发出的新产品。

产品整体的任何一个层次的改良都可视为产品的改良。具体包括：品质改良、特性改良、样式改良、附加品改良。

二、消费潮流创新

时代不断发展，文化也随着发生变化，每一个时期的流行文化趋势与符号都会印证大众推崇，这些是影响设计的社会因素。因此，设计师应关注流行与市场的变化，并与之紧密相连。

随着生活水平的逐步提高和生活方式的改变，人们对待设计的态度也发生了变化。当今社会，人们消费经验不断丰富，消费心理也更加成熟，形成了从基本生活追求到求同、求异，追求优越性，再到自我满足的追求，生活品质的追求也在不断提升。当今的人们更加注重潮流、个性、品位的彰显，心理追求层次的逐步提高，导致生活及消费动机也更加多样化。这些变化都应该成为设计师所关注与研究的重点。

1. 广泛化与高度化

一方面，随着生活水平的提高，生活方式呈现多样化，生活消费的范围不断延伸，生活需求的领域也随之逐步扩大；另一方面，由于心理需要层次的提高，对具体产品与服务的消费范围也越来越广。这为文创产品的发展提供了更加广阔的空间。

2. 情感化

在技术水平的提高，产品之间质量、性能等差异化程度缩小的背景下，情感在购买决策中的权重越来越大。很多产品设计通过记忆、诙谐、残缺等方式引发情感共鸣，增加产品吸引力。

3. 个性化

如今，更多消费者追求个性独立，注重自我的心理需求变化，进而推动体现个性、专属性的设计产品不断涌现。甚至产品的独特性在满足消费者追求个性化心理需求的同时也增加了产品的附加值，有利于设计的繁荣发展。

4. 健康化与绿色化

生活质量的提高使消费者更加关注身心健康，更加注重心理、精神的健康。消费者追求舒适、享受生活，日常消费活动也更加丰富，休闲、娱乐消费的机会更多。并且由于社会大众受教育程度普遍提高，消费者逐步由关注眼前个人的健康发展到关注社会环境的长远发展，环境保护、节约资源等绿色消费意识与需求不断加强。因此，健康化与绿色化的环保设计会更受欢迎。

第二节　创新思维的方法

一、脑力激荡法

脑力激荡法强调集体思考的方法，注重成员互相激发思考，鼓励参与者在指定时间内提出大量的构想，并从中筛选新颖的创意。虽然以团体方式进行是脑力激荡法的主要特点，但同样适用于个人运用此法思考问题和探索解决方法。脑力激荡法的基本原理是：思考空间不设限，鼓励提出更多主意，并且对提出的构想不加以评价。

在脑力激荡的具体活动中应注意以下四点：

（1）量的积累，提出的设想数量越多，高明有效的方法出现的机会就越多。这种海量搜集、包容分歧的方法，体现了量变产生质变的理论原则。

（2）参与者要集中所有精力尽量多地提出设想、扩展设想，把不同的意见留到后面的批评阶段里进行。在这种开放性的氛围下，参与者的精神无拘无束，更有可能提出不同寻常的设想。

（3）提倡与众不同，避免重复。要想得到多而精的创意，就要避免同一个创意的重复出现，独特的思考方式将会带来更好的创意，那些具有新意的想法往往出自新观点或是突破常规的假设里。

（4）将多个好想法融合在一起，常常能演变成一个更棒的设想，就像 1+1 大于 2 一样，不同观念的碰撞，思想的火花会更加旺盛，不同想法综合的过程可以大大激发有建设性的设想。

二、分组讨论法

分组讨论法可以两三人为一组，也可以六人为一组，进行分组讨论。运用脑力激荡法作基础进行讨论。方法是每人一分钟，只进行三分钟或六分钟的小组讨论，讨论结束后再回到大团体中分享并做最终的评估。

三、逆向思维法

逆向思维就是从一个事情的反面或者另一个角度来思考。在解决问题时，好多事情用普通的逻辑思维往往想不到好的解决方法，此时可以试着换个角度来思考，也许会有"柳暗花明又一村"之感。

一个产品的诞生往往是在追求便捷、舒适的驱动下产生的。例如，在某种行为的过程中，使人产生不舒服、不便利，或受挫的体验，则会通过优化产品来克服这种不舒服的体验。寻找优化的动机实际上就是在寻找使用痛点。首先我们要思考的是什么是所谓的使人产生不痛快的点？是不是注意事项提示得不够明确？是不是操作中存在不合理流程？这些点可以称之为产品的设计之痛。在寻找痛点的过程中，可以优先在商业层面，这样会使精力集中在更广的面上而不是过于微小的点上。

这些痛点很可能在本质上就是行业内存在的问题。如果一个设计可以解决行业内的某个问题，为用户带来更愉悦的体验，克服那些在使用过程中的糟糕体验，无疑会给整个行业带来革新的机会。

四、属性列举法

属性列举法强调设计者在设计的过程中细致分析每一个环节的问题，以及问题的特性，然后针对这些特性提出可行性的修改意见。

五、优缺点列举法

优点列举法要求逐一列出产品的优点，在此基础上探求更实用、更优化的改良对策。缺点列举法是检讨产品的各种缺点及漏洞，并针对这些缺陷不断地、逐一地探求解决问题和改善对策的方法。

六、七何检讨法

七何检讨法，是六何检讨法的发展延伸，这种方法的优点在于提示讨论者从不同的层面去思考，寻求解决问题的途径。七何是指：为何、何事、何人、何时、何地、如何、何价。这有助于设计师对于设计受众群体、产品功能、使用环境、使用价值以及商品价值做出正确的评估。

第三节　项目设计实践

设计项目实践是经历各种理论与文案的研究之后，真正实战训练的开始。如果说前期调研是我们研究各种文献的纸上阶段，那么接下来就是真正检验设计能力的阶段。

一、灵感的捕捉

根据前期产品定位分析的结果，设计师搜集大量相关素材，素材的积累有助于激发创作灵感。素材的选择可以从多方面着手，既可以为自然界的事物，也可以为已有的各类艺术文化元素，更可以借助海量的网络资源。其目的是大量累积设计想法，在接下来的设计中以供研讨与筛选。养成学生在素材积累与整理过程中形成创新意识的学习习惯，以及提取信息的素养。

1. 积累生活中的素材

日常生活中的可利用资源无处不在，如博物馆、商场、店铺、书店、电视等，到处可以发现优秀的产品设计、版面设计、色彩设计，以及脑洞大开的创意，只要有学习的意识就可以随手记下，使之成为自己的设计素材。

2. 充分利用网络资源

身处网络时代，各种网络资源大大拓展了学习的空间范围，通过网络可以学习到不同地域、不同文化、不同层次的海量设计，也可以接触到最前端的设计，感知设计潮流。另外，素材设计网站也为设计师提供了设计的便捷途径。但在享受便捷的同时也不要忘记切勿养成放弃思考的习惯。

3. 自然素材的积累

美妙奇趣的大自然永远是设计师的老师，如自然界中各种各样的动植物形态、缤纷绚丽的色彩，都可以成为激发设计师创作灵感的源泉。自然界的美景与事物在提供设计素材的同时，还可以为设计找到表现方式，打破固有的僵化的思维模式。

二、集体设计讨论

集体设计讨论必须在学习创新思维方式的基础上进行，通过不同创新思维方法的学习，可以增加学生创新设计的思维途径，集体设计讨论也是检验学生此项学习内容掌握程度的方法，在实践中加深对知识的认知与运用能力，是对教学知识体系的更高阶进展。在讨论中可以锻炼学生的产品设计知识与设计能力以及综合美感素质，在互评中培养学生的批判性思维，在产品的创新设计中飞扬创造性思维。因此，此项活动必不可少。

以往的艺术教学更倾向于分别指导，是教师与单个学生的一对一交流，是两种思维的相互撞击与交流。这种讨论方式往往为教师自上而下的指导性教学，学生出于对教师的尊重很难达到真正的探讨目的。

第五章　包装设计概念界定

包装设计即指选用合适的包装材料，运用巧妙的工艺手段，为包装商品进行的容器结构造型和包装的美化装饰设计。本章首先对包装设计的基础概念等内容进行论述，其中包括包装设计的包装的定义、包装设计的传达、包装设计的目标、包装设计与品牌建设。

第一节　包装的定义

包装伴随着商品的产生而产生。包装已成为现代商品生产不可分割的一部分，也成为各商家竞争的有力武器，各厂商纷纷打着"全新包装，全新上市"的旗号去吸引消费者，绞尽脑汁，不惜重金，以期改变其产品在消费者心中的形象，提升企业自身的形象。就像唱片公司为歌手全新打造、全新包装，并以此来改变其在歌迷心中的形象一样，而今，包装已融合在各类商品的开发设计和生产之中，几乎所有的产品都需要通过包装才能成为商品进入流通渠道。

对于包装的理解与定义，在不同的时期，不同的国家，对其理解与定义也不尽相同。以前，很多人都认为，包装就是以流通物资为目的，是包裹、捆扎、容装物品的手段和工具，也是包扎与盛装物品时的操作活动。20 世纪 60 年代以来，随着各种自选超市与卖场的普及与发展，使包装由原来的保护产品的安全流通为主，一跃而转向销售员的作用，人们对包装也赋予了新的内涵和使命。包装的重要性，已深被人们认可。

我国对包装的定义是：为在流通过程中保护产品、方便贮运、促进销售，按一定技术方法而采用的容器、材料及辅助物等的总体名称。也指为了达到上述目的而采用容器、材料和辅助物的过程中施加一定技术方法等的操作活动。

国外对包装的定义是：包装是使用适当的材料、容器并施以技术，使其能使产品安全地到达目的地——在产品输送过程的每一阶段，无论遭遇到怎样的外来影响皆能保护其内容物，而不影响产品的价值。也指在运输和保管物品时，为了保护其价值及原有状态，使用适当的材料、容器和包装技术包裹起来的状态。

综上所述，国内外对包装的含义有不同的表述和理解，但基本意思是一致的，都以包装功能和作用为其核心内容，一般有两重含义：

（1）关于盛装商品的容器、材料及辅助物品，即包装物。

（2）关于实施盛装和封缄、包扎等的技术活动。

包装是使产品从企业传递到消费者的过程中保护其使用价值和价值的一个整体的系统设计工程，它贯穿着多元的、系统的设计构成要素，需要有效、正确地处理各设计要素之间的关系。包装是商品不可或缺的组成部分，是商品生产和产品消费之间的纽带，是与人们的生活息息相关的。

第二节　包装设计的传达

产品生产的最终目的是销售给消费者。营销的重点在于将定价、定位、宣传及服务等予以计划与执行后，满足个人与群体的需求。这些活动包括将产品从制造商的工厂运送至消费者的手中，因此，营销也包括广告宣传、包装设计、经营与销售等。

随着消费者多元选择的增加，市场竞争逐渐形成，而产品之间的竞争也促进了市场对于独特产品与产品区分的需求。从外观的角度来考虑，如果所有不同品牌的不同产品（从蔬菜、面包、牛奶到酒类、化妆品、箱包等）都以相同的包装进行售卖，所有产品的面貌将会非常相似。

产品设计必须突出产品的特征及产品之间鲜明的差异性，此差异性可以是产品的成分、功能、制造等，也可以是两个完全没有差异性的相似产品。营销的目的只是为商品创造出不同的感知。营销人员认为，能将产品销售量提升的首要方法就是制造产品差异。

若要能吸引消费者购买，包装设计则应提供给消费者明确并且具体的产品资讯，如果能给出产品比较（像某商品性能好、价格便宜、有更方便的包装）则会更理想。不论是精打细算的消费者还是冲动购买的顾客，产品的外观形式通常是销售量的决定性因素。这些最终目的（从所有竞争对手中脱颖而出、避免消费者混淆及影响消费者的购买决定）都使包装设计成为企业品牌整合营销计划中最重要的因素。

包装设计是一种将产品信息与造型、结构、色彩、图形、排版及设计辅助元素做连接，而使产品可以在市场上销售的行为。包装设计本身则是为产品提供容纳、保护、运输、经销、识别与产品区分，最终以独特的方式传达商品特色或功能，因而达到产品的营销目的。

包装设计必须通过综合设计方法中的许多不同方式来解决复杂的营销问题，比如头脑风暴、探索、实验与策略性思维等，都是将图形与文字信息塑造成概念、想法或设计策略的几个基本方法。经过有效设计，产品信息便可以顺利地传达给消费者。

包装设计必须以审美功能作为产品信息传达的手段，由于产品信息是传递给具有不同背景、兴趣与经验的人，因此，人类学、社会学、心理学、语言学等多领域的涉猎可以辅助设计流程与设计选择。若要了解视觉元素是如何传达的，就需要具体了解社会与文化差异、人类的非生物行为与文化偏好及差异等。

心理学与心智行为历程的研究，可以帮助了解人类通过视觉感知而产生的行为动机。基本语言学知识，如语音（发音、拼写）、语义（意义）与语法（排列），可以帮助人们正确地应用语文。另外，像数学、结构和材料科学、商业及国际贸易，都是与包装设计有直接关系的学科。

解决视觉问题则是包装设计的核心任务，不论是新产品的推广还是现有产品外观的改进，创意技巧（从概念与演示到3D立体设计、设计分析与技术问题解决），都是设计问题得以解决的创新方案。设计目的不在于创造纯粹视觉美观的设计，因为只有外在形式的产品不一定有好的销售量。包装设计的首要作用就在于通过适当的设计方案，以创造性的方法达成销售的目的。

包装设计主要利用"表现"作为创意方法，我们应注重的是产品表现，而非个人风格的彰显，不应该让设计师或销售人员的个人偏见（不论颜色、形状、材料或平面设计风格）过分地影响包装设计。在形体与视觉元素相互作用的创意过程中，将情感、文化、社会、心理及资讯等吸引消费者的因素表现出来，传达给目标市场中的消费者。

第三节　包装设计的目标

一、目标消费者

消费者购买决策的文化价值所产生的影响力不可小觑：潮流、趋势、健康、时尚、艺术、年龄、升迁等，都通过包装设计的操作而在商场内展现。社会价值的投射也成为许多包装设计所设定的特定目标，而其他设计所传达的价值是符合更广大的消费民众的。在有些品牌或包装设计的例子中，我们发现它们是以感知价值来锁定特殊的消费者。

二、设计目标

包装设计的目标是建立在相关营销背景与品牌策略的目标上。营销人员或制造商如果能提供包装设计详细具体的信息与精确要点，则会是最理想的状况。比如通过下面一些问题可更多地了解包装设计的需求。

谁是顾客？

产品将会在何种环境下竞争？

产品将会被设定为何种价位？

生产成本是多少？

从设计到上市的预定进度？

有哪些经销方法？

产品定位决定了该产品在零售商场中的位置，并提供设计的基础方向。当营销因素被界定后，包装设计的目标就会越来越清晰。包装设计的方法取决于目标的设定，如新产品的开发、既有品牌的系列发展，或品牌、产品或服务的重新定位等目标。

一般来说，包装设计的目标针对的是特定产品或品牌。因此，产品包装设计可能依据：

（1）强调产品的特殊属性。

（2）加强产品的美观与价值。

（3）维持品牌系列商品的统一性。

（4）增加产品种类与系列商品之间的差异性。

（5）发展符合产品类别的特殊包装造型。

（6）使用新材料并发展可以降低成本、环保或加强机能的创新结构。

理想的包装设计应该定期做评估，才能跟得上不断变化的市场需求。虽然度量、指标或其他测量方法的使用很难准确判断特定包装设计的价值，但是营销人员会通过收集消费者反映并进行分析比较来重新进行评估。这些方法会帮助营销人员决定包装设计是否达成预期的目标。然而我们不能将最后销售成败完全归咎于产品的包装设计上，许多变数来自顾客的消费行为。

在迎合消费品牌的市场目标时，产品开发人员、产品制造厂商、包装材料制造厂商、包装工程师、营销人员及包装设计师最终都成为包装设计成败的关键因素。

第四节　包装设计与品牌建设

一、包装设计与品牌

如果包装设计已被顾客接受且具有特色时，文字编排风格、平面图像与色彩等设计元素便可被视为专有或可拥有的财产。通常这种专有属性可以通过政府申请合法的商标或注册而取得所有权。在商业的长期使用之下，这些包装设计所涵盖的专有特色与品牌逐渐在消费者眼中产生连接，包装的专有设计则以刻意营造"独特"与"可拥有"的设计取向作为实践目标。

如果说包装设计是品牌范畴内的一部分，那品牌又该如何被定义呢？简单来说，品牌就是产品或服务的商号。然而在今天的世界中，"品牌"的使用层面已经无所不包。虽然数十年以来，品牌这个名词一直都大量使用于各行各业中，且衍生出多方面的定义，但从包装设计的角度来看，品牌指的是一个名号、商标的所有权，品牌也是产品、服务、人与地点的代表。品牌所包含的范围涵盖了文具与印刷品、产品名称、包装设计、广告宣传设计、招牌、制服等，甚至建筑物也应在考量之内。

根据产品本身、情感含义及如何满足消费者期望等，品牌被消费社会所定义，并逐渐成为将如何在消费者脑海中区别自家公司的方法。

二、品牌定义

我们可以将品牌当作人类来看待，品牌是先从孕育构思开始，经由生产、成长，最后再持续的演变。他们之间都有各自的特征以区分彼此，而产品的设计则界定了他们本身，也传达出他们的目的与定位。"演化"这个名词，甚至常在包装设计界使用，指的是品牌长期的成长与发展的过程。相对于革命性设计的剧烈改变，演化性的设计改变意指品牌里所做的微调设计。

国外有关学者认为，品牌是一个人对于产品、服务或公司的直觉。尽管我们尽最大努力保持理性，但由于我们都是具有情感且直观的人，让我们无法控制地产生直觉。这样的直觉是属于个人的，往往品牌最终不是被公司、市场或大众所定义，而是被个体消费者所定义。

对于许多消费者而言，品牌与包装设计之间是没有太大差异的。通过立体材质结构与平面设计传达元素的结合，包装设计创造出品牌形象，并建立起消费者与产品之间的连接。包装设计是以视觉语言阐述一个品牌对于品质、表现、安全与便利的承诺。

名称、颜色、符号与其他设计元素一起构成了品牌基本构成的形式层面——品牌识别。这些视觉元素与它们之间的组合则界定品牌与不同经销商之间的产品区别与服务。品牌识别建立了与消费者之间的情感连接，无论产品是以抽象还是具象的概念表达，当概念融入消费者心中时，识别则演变成产品的印象或感知；一个成功的品牌连接建立在"必须拥有"的基础上。

三、品牌承诺与忠诚

品牌承诺是经销者或制造商所给予产品与其主张的保证，在包装设计中的品牌承诺是通过品牌识别来传达的；品牌承诺的实现是赢得消费者忠诚度与产品成功保证的关键性因素。

品牌承诺就如同任何承诺一样，是可以被破坏的。不遵守品牌承诺的方式有很多种，而当这样的行为发生时，不但品牌与制造商会失去信用，而且消费者也可能会因此而选择其他品牌。

下列包装设计的失误，会为产品的品牌承诺与感知价值带来负面影响：

（1）没有依据原有设计运作。

（2）说明性文字不易读取及产品名称太拗口或难以理解。例如，包装设计上模糊的文字，或未将产品功能说明清楚。

（3）利用设计传达，将产品的优势传达给其他竞争对手，然而实际产品却没有那么好。

（4）包装过度被消费者视为太昂贵而选择不购买。例如，报纸的使用、不必要的模线、烫印箔或其他被消费者视为可笑的华丽修饰。

（5）一个不好的包装设计通常是便宜且劣质的。例如，包装设计所使用的材质没有适当反映出产品的品质、价格及特色。

（6）与其他商品设计的高相似度，进而造成市场的混淆。

（7）产品内容没有如实地标志在包装上（如：净重量）。

（8）包装结构难以使用或浏览。

当包装设计演变成品牌形象时，消费者渐渐可以辨别出品牌的价值、品质、特征及属性。站在经销的角度来看，包装设计与产品的关联（从结构形式与视觉特征到抽象的情感连接），与品牌的合法及可靠性密不可分。消费者从它们的区别可衡量出它们的价值，同时也成为珍贵的财产或品牌资产。

公司一般极为谨慎地管理他们的品牌资产，虽然消费者已经很难区分出品牌与包装的差异性，但品牌识别元素是无价的。

由于他们持续兑现品牌承诺（可信赖、可靠、品质保证）而使得他们拥有强而有力的资产，因此，品牌就衍生成专业类别的领袖。在消费者倾向于购买品牌的前提之下，他们的购买选择性会减少，但消费品牌的次数却会变高。

对于既有的品牌而言，文字编排、符号、图像、人物、色彩及结构等都是包装设计中可以成为公司品牌资产的视觉元素。而新品牌的建立则因为市场资历尚浅，故没有任何可运用的既有资产，因此，包装设计便是负责将新的产品形象带入消费者眼中。

品牌概念以信任为基础，信任则是建立于消费者使用特定品牌产品所产生的愉快经验之上。若有良好的使用经验，消费者会因期待下次相同经验的发生而持续购买。在消费者的心目中，品牌之所以会成功，是因为履行了自己的承诺，因此，消费者建立了个人偏好而持续购买该品牌的产品。此偏好的建立便达成了制造商的最终目的：品牌忠诚。当消费者忠实于特定品牌时，他们愿意花较多的时间去搜寻，也会因为对品牌的坚信不疑而愿意以更高价格购买产品。优势性与持续性是组成品牌忠诚不可或缺的重要价值，有些忠实顾客对于品牌有着狂热的执着。

四、品牌重新定位

品牌重新定位指的是公司重新拟定产品的营销策略，以达到更有效的市场竞争。重新定位是先对既有包装设计的视觉品牌资产做评估，再确定设计策略与竞争优势，最后进行商品重新设计。既有产品的新策略方向则会在这个过程中出现，重新定位的目的在于提升品牌定位与市场竞争能力。

以下是重新定位过程中的首要问题：

目前的产品包装设计有哪些优势？

消费者有没有注意到目前包装设计的视觉特征或"暗示"？

包装设计是否有市场优势的"可拥有"特质？

包装设计的个别区别性是否有效地与其他相似产品进行区分？

如果前三项问题的答案皆是肯定的，那代表在重新设计的过程，包装设计已经有自己的品牌识别或视觉元素，故在重新设计时必须小心谨慎地规划。重新设计的主要目标在于如何在保有既有品牌资产的基础上，增加市场获利。

品牌发展到一定程度，会有新系列产品产生，这时，必须要将既有的品牌资产与新的经销目的纳入考量；既有设计元素的保留是为了维系消费者对于品牌承诺的认知。

品牌扩展可以是将品牌延伸至同一类别的新产品或是大胆地开发新类别。根据产品本身，其延伸范围可以包含不同种类、口味、成分、风格、尺寸与造型。在某些情况下，它也可能是新的包装设计结构或是对品牌识别具有演化性或革命性的改变。

个人护理类别（脸部、身体及毛发）是品牌扩展中的典型范例，不论是专门修护还是针对特殊皮肤或毛发，任何特定品牌的旗下都有无数个商品；系列产品提供消费者选择同一家制造商的更多不同种类的商品。

高效益的品牌，往往会以相同种类产品的相似包装外观来建立他们的包装设计视觉外观。色彩、排版风格、人物的使用、结构与其他设计元素便成了消费者的类别线索。

第六章　包装设计的发展因素研究

现代包装设计的发展一直伴随着人类文明和文化的进步，当今社会新技术、新材料的应用成为包装设计的重要特征，必须更新观念，创新包装设计，因此，我们要对包装设计的发展、包装设计发展的社会因素、包装设计发展的技术因素等内容进行研究，最后总结出包装设计的创新发展的方法与策略。

第一节　包装设计的发展

包装设计的由来与人类文化的兴起有着密不可分的关系。科技、原料、制造及消费社会的发展造就了包装的需求。而文明的发展、贸易的成长、人类的发现、科技的发明及无数的全球化活动促进了包装设计的诞生与发展。

一、包装设计的萌芽

包装设计的萌芽起始于公元前 8000 年，由于人类对于物品包装产生了需求，因此，许多自然材料，如编织的草与布料、树皮、树叶、贝壳、陶器及粗劣的玻璃器皿等，当时都被视为包装物品的容器。空心的蔬菜、胡萝卜及动物的膀胱是玻璃瓶的创作原型，而动物皮肤与树叶则是纸袋与保鲜膜的前身。

二、包装设计的开始

商业最基本的概念源于早期文明的贸易发展。天然产物的不同利用方式也成为某些区域的特产，而其他产物则被特定部落或社群视为产品。不论何种情况，当人类开始在世界各处旅行时，也开始对特定区域的产物产生了需求。而高度的文化发展，使得人类逐渐脱离了游牧生活，早期的货物交换则成了今日的经济，也就是产物经销与消费的科学。

在 15 世纪中叶，安德烈·伯恩哈特及其他早期德国造纸厂商最先在自己的产品上印制商标。伯恩哈特在包装纸上印制图腾的行为，让包装纸开始具备了商业用途，最早的包装设计就是从这里开始的。

当时张贴于建筑物两侧的招牌与传单，都是宣传法规跟政府法令的相关公告，这形成了早期广告宣传的雏形。而刊登广告的手法便是早期包装设计的描述。那时也有一些卖主会在英国报纸刊登有印刷标签的药罐或有插图的包装纸的广告。包装设计所强调的包装视觉经验，其实就是销售的关键要素。

当设计原理开始需要以生动的视觉图像传播资讯时，一般都会选择使用一些日常生活的素材。尤其当商品日渐普及后，贸易的活络则增加了包装的多元性，以提供商品更多的保护或保存。简单来说，现代包装设计的基础包含了不同种类的瓶罐、包装及商品内容物的画面描述。

三、包装设计产业的成长

到 20 世纪 30 年代初期，包装设计产业日趋成熟。多种出版物提供了供应商、设计师及客户领域的最新信息，有着重于包装设计的杂志，如 1930 年发行的《广告年代》，还有其他针对专门领域的杂志，如《美国药商》《茶与咖啡贸易杂志》及《新食品商》。1927年的《现代包装》杂志以及 1930 年的《包装记录》都指出了正在成长的产业其专业的复杂性，消费品公司必须与各领域合作，其中包含包装设计、广告商、包装材料制造商、印制厂及其他可以产生生产作用的领域。

供应包装材料的制造公司，对于一位包装设计师来说，是不可或缺的重要资源。像印刷厂等公司，常被要求提供技术与创意的支持，并提供可使用的材料样品。

许多大型企业都设计了包装发展部门，因此，设计公司、制造商的内部工作人员及供应商的员工彼此的合作关系成为包装设计的三大重要组成部分。

20 世纪 40 年代以后，超级市场及预包装食品的激增对包装设计产业产生了重大影响。相较于以前的产品必须经过当地店员称重及包装，这种新市场的包装容器则是独立存在的。此转变彻底改变了未来的消费市场，消费者渐渐地开始不依赖店员所提供的产品信息。虽然欧洲许多地区的商品依然是以散装的方式贩卖，但美国的新大众行销方式却是商品以预包装的形式买卖。

20世纪40年代末期自助商店的增加，要求包装设计必须有高度的识别性，因此，包装设计也被称为"沉默的售货员"。然而在没有推销员的状况下，一些特定的品牌也很难推销商品。后来的包装设计被推向更为有力的行业，忠实于为那些有鉴赏力的消费者提升产品品质，并让消费者产生品牌认同，成为产品行销的一部分。在这竞争激烈的市场中，包装设计负责产品品牌提升及如何将其产品特色显现于货架上。食品制造商不但需要为食品行销，而且必须兼顾品牌管理、产品行销、广告宣传，因此，包装设计顾问的需求也极速增加。

第二节　包装设计发展的社会因素

一、社会形态的变化

包装的发展与社会经济密不可分，经济的繁荣带动包装的进步。包装与人类的生活密切相关，是人类社会发展的必然产物。在人类文明漫长的发展过程中，科技的发展、社会的变革、生产力的提高等都使人们的生活方式和生活环境有了改善，这些都对包装的功能和形态产生了很大的影响与促进作用。

旧石器时代，原始人类以打击石器为主要特征，由于人类受到工具及生产力水平的限制，他们无法单独在自然环境中生存，只能群居洞穴，靠双手和简陋的工具以打猎、捕鱼和采摘野果为生。他们的生存环境恶劣，食物和饮水对于他们的生存十分重要，于是原始社会人类便使用树叶、果壳、贝类、竹筒、葫芦等天然材料盛装饮水、包裹食物，这就是包装的最原始形态和作用。

中古时期，中国、罗马及中东等地区的商业社会皆是借由货物的运输买卖以赚取金钱。而当人类开始在世界各处闯荡时，货物运输的范围也逐渐拓展开来，也因为有了长途运输等因素，包装显得越来越重要。"丝绸之路"和"茶马古道"的开拓架起了中西方的商业交流平台，包装也在这些商品交换中扮演着越来越重要的角色。唐代，社会发展空前繁荣，国力强盛，经济发达，此时的包装在继承前代各类包装特色的基础上继续发展，并呈现出独有的特点。唐代造纸术的进一步发展对包装行业也有了更大的促进作用，纸质的提高和品种的增加使得包装的形式和档次提高了很多，纸质包装多用来包装茶叶、食品和中药等。《梦溪笔谈》中讲到"唐人重串（穿）茶粘黑者，则已近乎串饼矣"。从中可以知道当时对紧压茶传统的包装方法，其茶叶被紧压，茶团外用纸包裹，与现在的茶饼包装基本一致，究其用纸包裹的原因，唐·陆羽《茶经》上说到，"纸囊，以剡藤纸白厚者夹缝之，以贮所炙茶，使不泄其香也"。此时茶叶的包装纸被称为"茶衫户"，由此可见，纸张作为一种包装材料在当时已得到人们的认可和广泛的使用。

二、工业化的发展

18 世纪是欧洲商业扩张的重要时期，尤其是城市的快速成长及财富在社会层次的普及。科技进步与人口增长让厂商开始使用生产线进行生产。大量生产所带来的结果便是廉价的现成品。

社会的繁荣带来了消费者更多的需求，也促进产品因追随消费者的脚步而逐渐成长。包装设计中，如罐装啤酒、解毒剂、罐装水果、芥末、别针、茶几粉末等产品的包装，都标明了制造厂商，并且明确传达了产品的用途。

在 18 世纪末有三项几乎同时发生的重要创新：纸袋机器的发明、平版印刷术的产生、美国包装的发展。这些创新很大程度上促进包装行业的发展。

1798 年，法国人尼古拉·路易斯·罗伯特发明了造纸机，让纸可以快速生产并且以低价格售出。这台机器所使用的循环式皮带造纸，代表着从此无须使用个别模具的手工制造流程。

欧洲造纸机开启了纸的大量生产时代，并在 19 世纪初期影响了美国。人们根据这种机器生产纸的方式发明了厚纸板制造机。这项发明促进了纸的发展，从早期用来书写与用来传递信息的纸张，发展到用来包装的厚纸板。

继中国造纸两百年后，英国于 1817 年首先推出商用纸盒，这也是 19 世纪初所出现的最具有革命性的突破。1839 年，纸板包装则普遍应用于商业行为，并且在十年之内发展成各式各样产品的包装盒。1850 年，瓦楞纸板的出现带来了更耐用的纸箱。除了是很好的次要包装材料，也可以在运输的同时盛装多种物品。随着制造厂商之间的激烈竞争，更多提高生产效率与降低成本的特殊机器渐渐出现。

1900 年开始，美国与英国的纸箱与锡罐制造业逐渐壮大。而贸易范畴的扩展，不仅需要专门制造纸箱的机器，而且需要有其他功能的机器，如内容物的称重、承装及密封等机器。

考虑到消费者担心购买的金钱都浪费在包装材料上，许多制造业者不但在包装上印制他们的商标，而且还印制价格。如此一来，消费者便知道自己所付出的金钱并非适用于包装材料的购买或是经销商的额外收费。茶包的标签则是最早开始标示产品信息的，如重量及价格。

19 世纪产品的包装材质与设计的相互依存性变得很重要。在消费者眼中，产品与包装建立了关联性，也就是将产品与包装视为一体，而且是等同的。火柴没有火柴盒是不能被贩售的，干货应使用正当且买得起的方式，使其产品可以被装入盒子及储存，罐头食品则应该提供安全的腌渍食品与消费者的便利性。

接连不断的技术革命也让包装产业不断的进步，为了增加食品选择的丰富性，人们开始讲究日常生活水准的改变与包装设计需求的增加。铝箔纸的发明始于 1910 年在瑞士建立的第一座铝工厂，此项发明使得药品及其他空气敏感产品得以有效的密封。而玻璃纸的发明则始于 1920 年，此发明标志了塑料时代的来临。从 1920 年以后，每十年都会产生新的塑料材料。至今的塑料，不论其形态还是配方，都是包装设计及产品中被广泛使用的材料。

三、新经济的形成

由于欧洲的工业革命影响，19 世纪中叶的生活形态发生了剧烈的改变，从早期的农耕社会转变成都市生活。尤其是经济消费的增长、女性的社会地位，甚至家庭的大小与特征，都改变了自然定律。直到此时，许多产品依然被视为"马车贸易"或是专为上层社会所消费的奢侈品。新机械与科技的发明改变了这样的状况，使产品与服务的范围得以推广。制造商使用铁路与轮船进行贸易，此方式让长途货物运输容易许多。而包装设计市场的大幅成长造就了产品的行销与经销。

1913 年，亨利·福特设立了生产线后，美国便开始大量生产的机制。此时政府机构则致力于如何发展自由市场的体系，但同时也希望能保护消费者权利的议题。1906 年制定了《纯净食物和药品法》，主旨在于禁止使用那些不正确或是具有误导性的商标。然而此法令不需标明准确的商品成分，精确重量或是计量标准，因此，法案到最后却是难以预防误导性的包装。1913 年，古尔德修正案制定了食品内容物的净重量标示。此修正案声明，如果商品无法将其重量、剂量、数量等内容物清楚标示于产品包装外时，此商品则视为错误标示。然而当时许多人认为此修正案对于维护消费者权益的帮助不大，主要的原因是许多消费者不重视商品上的重量标示，其消费行为主要依据产品本身的大小与形状。美国高等法院法官路易斯·布兰斯描述当时采取"买者自慎"的行为准则，也就是说，消费者购物时有责任检查所购买的货物是否有问题。在消费者小心翼翼地预防次级品或不纯净产品时，正直的商人为了保护消费者，同时也为了提升自己品牌的知名度，便在商品上标上自己的商标。

商标产品逐渐地建立起来，很多品牌商标都在寻求改良产品本身以吸引民众，同时也通过广告媒介的传播让他们成为全世界知名品牌。产品的包装设计主要针对报纸广告、商品目录、招牌与海报的设计为主。由于这种图像形式的广告需求量大幅度增加，也间接地对包装设计的发展产生重要影响。

历经几十年的都市化与工业化，美国在第一次世界大战后被标榜为可以增加商品供应量的大量生产国家。1920 年，许多公司为了响应战后的消费主张，间接成就了广告的繁荣。许多快速推出的新产品创造了新的需求，同时也强迫大型制造商寻求新的商品贩售方法。产品贩售方式的改变让产品不仅要美观，而且必须使商品与商品之间要有所区别，更重要的是要反映出消费者不断变化的消费价值。如何行销产品成了商品贩售的重点，而包装设计产业的发展也成了消费品公司的重要战略。

1930 年，美国的中产阶级发展成主要的消费群体。女性在当时的经济成长中扮演了重要的角色，主要原因来自许多家庭用品的消费权利都落在女性身上，因此，许多行销策略主要都在针对这个消费群体。1937 年，标注食品商店发明了购物车，这个发明改变了购物形态。与其向店员索取所需之商品，不如让消费者亲自挑选所购买的商品。这项工具增加了消费者一次购买的商品数量，同时也激励了这些零售商。当时社会各个经济阶层的妇女，都成了消费购物的主要群体。他们通常对于在购物时能鉴别合理价格的商品而感到自豪。而在商品种类的选择性变多时，商品之间的竞争也试图以包装吸引消费者的注意。借由广告来促销商品是一种很普遍的行销手段。

四、消费者权益的保障

1962 年，当时的美国总统首先在国会中提到消费者权益的问题，认为消费者的知晓商品的安全性、资讯、选择性、新鲜度、便利性及吸引力等权利需要受到保护。而当时的监管机构之间的隔阂如食品与药品管理局、美国联邦贸易委员会及美国农业部，代表着民众的消费权利未受到适当的保护，因此，在消费者权益集团与总统消费者业务的特别助理埃斯特·彼得森的共同努力之下，总统通过了公平包装与标签法。

公平包装与标签法的通过，强制了标签与包装的标准，商品公司为了符合新建立的标准，故必须修改他们原本的包装。由于这项新需求，设计公司开始扩展到包装设计的领域。

第三节 包装设计发展的技术因素

一、文字的发展

包装产业的兴起，归功于产品的内容物必须通过外观的图片和文字来表达。早期的苏美人通过在包装上做标记或画图，使得语言的沟通从口说进步到书写，并可将信息保存下来。这些图示最终都演变成音符符号。此文字不但持续了 2000 年，而且还在许多不同文化中都成为一种沟通的方式。而英文字母的诞生，则是受到腓尼基人发明的单声符号的影响，后来演变为语文书写的根基。

古老的符号是现今商标的前身，这些符号的需求是不同人因需要建立身份认同而衍生出来的，而身份认同则有三方面的考量：社会认同（它是谁）、产权（谁拥有它）及出产（谁制造了它）。

在书写的方式开始盛行之后，写作产生了纸张的需求。从公元前 500 年开始，纸草卷及干芦草所制成的纸张，成为最便利的书写纸张。而全世界最早的纸张则是约公元 105 年在中国发现的，蔡伦则是最早造纸成功的人。

研究者发现了在东汉时期，这些纸张所除了书写之外，也当壁纸、卫生纸、餐巾纸及用来包装的包装纸。造纸的技术经过 1000 多年的演化，发展到中东，公元 750 年扩散至欧洲，1310 年传到英国西部，最后在 1600 年抵达美国。

至今，纸上书写演变成现代印刷。

二、印刷术的发展

印刷始于公元前 305 年的中国木刻版印刷及 1041 年陶土制的活字版印刷。1200 年洋铁则在波西米亚出产，此时欧洲的印刷术开始流行。约 1450 年古腾堡发明了印刷术，他的活字版印刷可以使用不同木头或金属的字体替换，因此也造就了其他领域的蓬勃发展，如纸张、油墨、书本等，古腾堡的发明并非纯粹的个人发明，而是将几个世纪前所发明的技术做全面的结合。活字版印刷的贡献在于可以将印刷的价格压低进而大量生产，此技术也导致了纸张的大量需求，同时大众传播也有兴起的迹象。

三、平版印刷的发展

1798 年，阿罗斯·塞尼菲尔德发现平版印刷的原理，也成了包装设计史上的里程碑，更因大量生产的发展而有所进步。当时因为所有的纸箱、木箱、瓶罐及锡装器皿都有标签纸，因此，平版印刷的发明对于标签纸的印制也有重大的贡献。在这之前，所有标签或包装都是以人工方式将木刻版印制在手工纸上。到了 19 世纪中叶，印刷术甚至发展到能以大量生产的方式做出彩色印刷。壁纸印刷术的发明则是受到当时艺术风气的启发，同时也影响了标签的设计、箱子及锡制品。

在活字版印刷发明 400 年后，奥特玛尔·默根泰勒在 1884 年发明了自动排铸机，此部机器在当时被视为高级印刷术。这项发明彻底革新了印刷产业，成为第一台机械化活字印刷机，这部机器使用不同方形金属块组成，创造了固定排列式的文字。每块方形都是金属制成，通常所需要的文字皆会被雕刻或印制于黄铜上，再将所需要的文字以机械式的方式放入模具制造机，以创造条状的活字。而当使用完时，可将活字熔掉，如此能不断地重复使用。此方法比手工排版方式的速度快许多，更重要的是可以减少员工需求。对于印刷来说，自动排铸机所创造的是一种新的自由，而这种自由也使得视觉传达开始活跃于报纸、书籍、标签及其他种类的包装。

在 1887 年的平版印刷者名录中，包含了发明以机械制造纸盒的罗伯特·盖尔及制造彩色雪茄盒的乔治·哈里斯父子。上市的企业则以"标签制造商""标签——雪茄"或"药商的标签"等作为自己的头衔。1888 年，雪茄标签的平版印刷甚至成为《纽约太阳报》的一则新闻，其中有一段提到，"几年前，人们曾经以为任何图片印制在雪茄盒上都多余"。在那个时候，雪茄标签的花费大约是每一千盒十美元，而今日的价格则平均以五十美元成交。这也显示了其标签的价格通常比雪茄来得贵。

第四节　包装设计的创新发展

不同的时代，不同的需求，不同的商品包装设计。当今世界巨大的发展变化要求包装设计者必须坚持创新设计，张扬个性和魅力；融合文化，沟通民族与世界；提升品位，彰显内涵和审美；关怀人性，迎合时代发展及需求。只有这样才能使自己的作品永葆无限的美丽，因此，包装的发展应该符合以下几点要求。

一、包装的绿色设计

水灾、地震、酸雨、水土流失、草原退化、水源枯竭等自然灾害逐年增加，甚至有愈演愈烈的趋势。经济的快速发展加快了对自然生态环境的破坏，各种包装固体废物随着人民生活水平的提高，人们对商品需求量的增加而增多，被丢弃的包装固体废物加剧了环境的污染。面对这样日益凸显的环境问题，人类陷入了思考。二十世纪六七十年代以来，人类就开始意识到传统生产方式高强度地消耗着自然资源，特别是近半个世纪，人们对自然生态资源的过度消耗，使生态遭受到前所未有的破坏，加快了自然灾害的发生。保护环境维护自然生态的平衡，节约能源减少污染的热潮从西方发达国家掀起，这股热潮也影响到了中国。近些年来，中国政府也提出了"低碳生活"的口号，这将有利于保持自然环境的原生态，促进中国经济的可持续发展。注重节能减排的低碳生活方式也在呼唤着生活用品的低碳设计，这就要求在设计产品包装时，始终秉承节约的原则，使包装在满足了安全性、便携性及舒适性等功能要求以外，更要符合环境保护和资源再生的要求。促进包装业的可持续发展，促进人类与自然生态环境的共同繁荣，就成为人们面临的共同课题，同时也成为包装设计师必须思考的首要课题。

二、包装设计的个性化

当前个性化已经是营销手段的重要策略，个性化的思想已经延伸到各行各业，包装设计在产品的销售过程中担当了重要的宣传媒介，个性特征会加强消费者对其包装产品的认识。个性化包装设计是一种牵涉广泛而影响较大的设计方法，主要是针对超市、仓储式销售等因销售环境、场地的不同而采用的不同的设计方法。超市作为商品销售的集中点，是产品的内在质量和外部包装优劣的最终检验场所，所以包装设计的个性趋势同样在此展现出来。时代在不断地发展，设计师要有较强的社会洞察力，要密切关注社会的发展，了解人们的需求，要以敏锐的视点关注包装设计潮流，以及印刷技术及印刷设备的更新、材料的更新等问题。只有把握好时代的脉搏，才可能走在设计的前沿。个性鲜明、突出、视觉效果强烈的包装设计必定会在琳琅满目的货架上引起消费者的兴趣并被消费者所接受。

三、包装设计的电子商务化

网络作为传递信息的载体已渗透到全球的每一个角落，需求与分配的组织化已不分国家、市场、投资、贸易等大小，一律将通过网络来完成，按照网络秩序来活动。电子商务是销售的新型工具，互联网零售业在我国已经存在了 10 多年，购物网站深受人们的喜爱，它让网络购物变得十分简单、安全、可信，不受时间和地点的约束。由于网上购物提供的是完全不同的顾客体验和环境，许多传统企业正面临挑战，网络技术彻底改变了顾客的消费行为和消费模式，包装的促销功能也将随之被淡化。社会进入到电子商务时代，使商务活动变得电子化、信息化、网络化和虚拟化。网上产品包装也从实体转向了虚拟，所以对包装的功能也提出了新的要求。在网上购物时，顾客不能接触产品，也不能在电脑空间中仔细地观察包装，因此，网上的包装如何包装产品、如何说服顾客、如何发挥超市货架上"无形推销员"的作用呢？这个问题在电子商务中非常重要，因为网上包装的介绍不仅能提高访问者的数量，而且能增加电子商务购买者的数量。针对现状，包装设计师应该重新评价网上包装是否能够有效地辅助电子商务，研究出适应电子时代的包装设计战略。

四、包装设计的防伪功能

随着防伪技术的发展和用户包装防伪要求的日益提高，防伪包装成为包装企业和包装使用者谈论越来越多的话题。现代科技的高速发展，一般的包装防伪技术对造假者已不再起作用。

市场需求也在刺激包装防伪技术的不断进步，也使包装制作企业不断开发新产品，并积极与专业防伪企业联合满足企业包装防伪功能的要求。防伪包装从最初"贴膏药"的加工方式正在向包装材料防伪和包装设计防伪印刷方向转变。我们在市场上会看到很多商品在包装盒上加贴防伪标签和防伪防揭封条；有的在包装盒外使用激光全息薄膜封装；有的则利用包装和内容物进行防伪；有的对包装容器本身进行专利设计以达到防伪的目的。多种印刷设备的并用及多种工艺的相互渗透，如将胶、网、凹、柔、烫印及喷码等工艺组合使用，可使印刷图文更加变幻莫测，丰富多彩。同时，采用组合印刷技术的包装产品为造假者设置了重重障碍和阻力。

商家、印刷企业和设计公司等为防伪做出的共同努力使那些假冒伪劣商品因复制成本过高或效果不适真而遭击退。包装防伪是产品防伪的第一道防线，做好综合防伪则是未来包装防伪的发展趋势。因此，包装设计的创新方法与融汇高科技成果的印刷工业技术强强联手，追求精辟独到的原创性和独特视觉效果是未来包装业可持续发展的一大方向。

第七章　文创产品包装设计探究

第一节　交互式包装设计

一、交互式包装兴起的背景

交互，顾名思义，交流互动的意思，我们生活的社会交互无处不在，离开了交流互动寸步难行。

随着现代社会的发展，传播媒介的更新速度已经大大超越了人们的想象，使得信息在传播中人的因素发挥的作用越来越大，以前消费者的地位处于被接受的状态，无法与产品之间做到直接的交流，而如今，高科技的应用与传播使得人与物之间的交流成为双向的、直接的。在整个信息传播的过程中，人不仅处于接受者的状态，而且处于参与者的状态。这样通过产品这个媒介能将传播者和接受者之间的交流变得直接和频繁，相互影响和相互作用。

近年来，某种产品之所以能引起消费者的注意和消费者的忠诚度，绝大部分取决于它的外包装，所以有效地改进产品的外包装和外包装的特性，才能给产品带来活力。

近年来，包装领域的新的概念——交互式包装，在这种激烈的竞争中应运而生。"交互式包装设计"为包装设计提出了一种新的设计角度，交互式包装设计目的是在于为人与产品之间建立起一种新的沟通渠道。使产品与人之间形成一种新的交流模式，这也是未来发展的需要。

二、交互式包装的类型

"交互式包装设计"包括功能包装、感觉包装和智能包装，这一新的概念的产生已经超出了单纯的印刷图像的范畴，而是成为了产品的一部分，甚至于产品的本身。这种包装能给消费者带来强烈的互动感，这样就刺激了消费者的消费欲望，也能给企业带来可观的利润，现在在市面上可以看到一些这样的包装，如带有气味的包装、带有纹理质感的包装。在包装不断多样化的同时，交互式包装又给包装领域注入新鲜的血液。

1. 功能型包装

功能型包装是一种解决产品相关问题的包装。一个功能包装的例子就是罐头的真空包装盒，应用这样的包装可以使易于变坏的产品能在货架上保持更长的时间，例如，罐头在真空状态时，盖子上的小按钮是不会弹起的，一旦漏气了，盖子上的小按钮便会弹起，提醒消费者不要购买。还有一种功能型包装是通过某些配件改善包装本身的缺陷，如在包装盒的封口处加上排空气和气味的装置，这样的包装加附件同样可以延长产品的保质期限。功能型包装可以有效地延长产品的保质期限，起到保持的作用。

2. 感觉型包装

感觉型包装可以让消费者在直觉上感触的产品包装，如视觉、触觉、嗅觉等。功能型包装主要是为了保护产品或者更长时间的保持产品的新鲜程度，从而使产品完好地到消费者的手里。感觉型包装是从外部给消费者一种直观的感觉，通过这种直观的感觉使消费者能了解到此产品的众多主要的信息，如气味，外包装的机理效果和包装上面的图案视觉效果。比如，一些食品产品的外包装通过食品的气味来吸引顾客，如烤面包、烤肉、爆米花等可以提取气味的食品，有的是直接通过食品散发出来，这种食品一般是即买即食的食品，还有一种是将食品的气味提取，以特殊的材料涂抹在食品的外包装上，这样里面的食品将完好地保存，顾客还能通过外包装感受到食品的美味。

3. 智能型包装

智能型包装可以在包装的内部包含大量的产品信息，它将标记和监控系统结合起来形成一套扩展跟踪系统，用以检查产品的数据。监控的序列号或者科技含量更高的电子芯片嵌入产品的内部，使其产生更高级、更具精确度的跟踪信息。智能型包装通过内部的传感元件或高级的条形码、序列号以及商标信息，并利用感觉包装和功能包装的原理来跟踪和监控产品。比如，在运输水果或者海产品的时候，由于运输、气候等条件，难免会使有些产品变质，如果在运输的时候使用功能型包装，可以防止其变质，但这只能说防止其变质的可能性大大降低，对于有些不可避免的损害，如果单纯地用保护型的包装，内部损害了，但外部看不见，消费者和商家都会遭受损失，所以在这类产品运输时加上智能化的监控系统会更好，如在包装内部加个温度感应或者小型细菌数量检测器，通过显示屏在外部呈现出来，这样如果包装完好而内部的产品变质损害了，通过外部的这个显示屏就能显示出来。这样能及时地停止该产品的销售。当然，这种包装还是极少数，造价较高，但是随着科技进步慢慢会实现的。目前，市场上这种跟踪的产品包装比较多地运用在数码产品领域。例如，品牌手机的售后，以往手机坏了，去维修点维修都要出示保修卡、发票证明等单据，而现在不论你在哪买的手机，只要拿着手机去就行了，根据手机内的序列号，在维修点就可以准确地查到手机的各项信息，更加方便快捷。

第二节　视错觉包装设计

生活中，我们常说：耳听为虚，眼见为实。然而，心理学研究却表明：眼睛也常常会欺骗我们，亲眼所见的并非都是事物的本质或真相。这种奇特的现象，心理学称之为视错觉。

视错觉就是当人观察物体时，基于经验主义或不当的参照形成的错误的判断和感知，是指观察者在客观因素干扰下或者自身的心理因素支配下，对图形产生与客观事实不相符的错误的感觉。

随着经济的快速发展，人们的消费水平不断提高，消费心理发生较大的变化，对产品的包装提出了更高的要求，包装设计不仅具有保护商品、方便运输等功能，而且注重包装的附加值，充分体现出了人们的消费新动向，因此，设计师需要寻找新的设计语言来提升包装设计新形象。视错觉作为一种新的视觉表现形式，在包装设计中科学合理地使用，能够吸引消费者的眼球，使包装设计变得更加丰富多彩，提升品牌形象，增强品牌竞争力。

一、视错觉与容器造型

在实际生活中，由于环境、光线等方面的影响，加上人类本身的心理和生理的变化，人们会对事物产生不同的看法，形成不同的视觉影像。例如，同样长短的线段，在线段的两端添加不同的箭头，就会让人产生线段长度不一样的错觉。在包装设计中，容器造型是包装设计的一个重要方面，视错觉产生的影响更大，将视错觉合理地运用到容器造型中，科学利用视错觉，设计出有创意的容器造型。在容器造型设计中应该打破传统的思维定式，发掘新的设计方式，给大家一种全新的视觉感受，增加作品的创造力。

1. 用纵向分割视错觉，加强低矮包装容器的高度感

在箱式容器的主要展示面上，以子母线或其他竖线分割平面，使箱体的高度感更加强烈。男士用品包装多采用竖式分割，竖线排列以增加高度感和挺拔感。

2. 用横向分割视错觉，加强高窄包装容器的稳定感

箱体表面上以三条左右的横向线分割，可加强其稳定感，如大容量冰箱用箱门横向分割线增加稳定感。高的瓶形纹饰多横向分割，瓶帖多采横帖增加稳定感。

3. 用圆角过渡，达到减薄的视错觉

瓶、罐底部圆角过渡，使人产生此处壁薄的错觉，而具有轻巧感。近乎方形的容器盖和底部都采用不同的圆角，增加灵秀感。

4. 用横向分割视错觉，改变包装容器高度比例关系

在较厚的纸盒包装造型上，往往都采用条带分割以减轻视觉上的笨重感。

另外，可以采用以下几个方法进行形态的调整。

（1）直线内凹的矫正图形内框呈外凸的弧线，可使外框免于产生内凹的错觉。

（2）球形容器切割后瘫软的矫正将球体上移，并使底部弧线适当调直，而显得球体丰满、挺拔。

（3）黑白面积不等的矫正必须使黑色或深色的部分尺寸大些，才能产生更大的视觉效果。

（4）细长物腰部凹陷的矫正细长瓶腰部应略呈腰鼓形，以矫正凹陷、干瘪的错觉，而产生丰满、挺拔的视觉效果。

二、视错觉与色彩

色彩是包装设计中的重要元素，色彩在包装设计中具有强烈的视觉感召力和表现力。人的视觉对于色彩的特殊敏感性，决定了色彩在包装设计中的重要价值。色彩设计要充分发挥色彩的艺术魅力，设计师应该充分了解色彩的特性，掌握人们欣赏色彩的心理规律，合理地使用色彩美化人们的生活。设计师通过色彩表达设计意念，色彩视错觉在包装设计

中有着不可替代的作用。充分发挥色彩视错觉在包装设计中的魅力，就需要掌握色彩视错觉的基本规律。在一定的条件下，人们对色彩产生一种和客观事物不一致的直觉，这是一种有着固定倾向规律的直觉，巧妙利用这种现象，就可以给包装作品带来更多活力，激发消费者包装产品的共鸣，激发消费者的购买欲望，达到很好的促销目的。在包装设计中经常会用到以下几种色彩视错觉。

1. 色彩对比视错觉

对比视错觉是指观察者在相同的时间、空间内对客观的物体与感知的物体间色彩大小、深浅等方面的差异。具体来说，人的眼睛在观察物体时受到不同颜色的刺激后，使物体的颜色与刺激的颜色相互作用，两者间的冲突和干扰会造成物体的颜色发生某些变化，呈现不一样的效果。国外有关学者指出，这种在相同时间内出现的色彩，绝非物体客观存在的。而只是发生于眼睛之中，引起一种兴奋的感情和强度不断变化的充满活力的频动。色彩美学的研究者通常会把色彩对比后呈现出来的视觉效果及其机理关系作为研究时的一个出发点。

把明度不同的物体放在一起观察时，则会发现颜色鲜亮的物体愈发鲜亮，颜色灰暗的物体愈发灰暗，这是由于颜色的对比性发生了作用。对比色具有双重性格，如红、黄、蓝小色块相互间隔地排列成一个方阵，因为相互之间受到影响，会让人感觉颜色的色相发生了变化。另外，同一颜色的明暗关系与周围环境颜色的影响也有很大的关系。在白色的背景当中，颜色越深感觉物体的面积越小。比如，我们生活中常见的一种现象，灯光在阳光或强烈的光源下其亮度不明显或感觉不到它的存在，在黑夜或黑暗环境里越发显得明亮。

2. 色彩温度视错觉

人们看到色彩后加入自身的一些联想，如在中国，红色象征着喜庆、欢乐，在重大节庆期间经常能见到红色，红色给人一种暖和的感觉；而蓝色、绿色是冷色调，给人一种寒冷的感觉，同时蓝色容易让人联想到大海、蓝天，给人一种清凉、宁静的感觉，所以在科技类的包装中经常采用蓝色，象征着科技的严谨性。

蜂窝包装盒设计，由粗麻绳贯穿6个木质环而成，为产品塑造出一种天然、原生态和口感醇正的形象，给人温暖、柔和、自然的感觉。

3. 色彩重量视错觉

同样的一个物体，涂上不同的颜色会给人们不同的重量感，如白色让人们想到天空中的白云，给人一种轻飘的感觉；黑色则会给人一种厚重、下沉的感觉。再如经常说到的一个例子，10斤棉花和10斤铁哪个重？人们都很自然地想到铁重，因为铁的颜色就给我们一种压抑、沉重的感觉，事实上，同样都是十斤的东西，自然重量是一样的。

4. 色彩软硬视错觉

在色彩的感觉中，有柔软和坚硬之分，它主要与色彩的明度和纯度有关。高明度、低纯度的颜色倾向于柔软，如米黄、奶白、柠檬黄、粉红、浅紫、淡蓝等粉彩色系；低明度、高纯度的颜色显得坚硬，如黑、蓝黑、熟褐等。从色调上看，对比强的色调具有硬感，对比弱的色调具有软感；暖色系具有柔软感，冷色系具有坚硬感。

5. 色彩面积视错觉

色彩具有膨胀或者冷缩的感觉，暖色调具有视觉扩张感，冷色调则具有收缩的感觉，同样面积的红色块和黑色块相比，感觉上认为红色块比黑色块要大。国外有关学者指出："两个圆点同样面积大小，在白色背景上的圆黑点比黑色背景上的白圆点要小五分之一。"

6. 色彩味道视错觉

色彩的感官错觉可以营造出不同味道的感受，这种错觉也是由于人们的心理联想而产生的，橘黄色、粉色多表示香甜口味的食品；灰褐色、黑色调经常用来表达苦涩的味道；红色容易想到辣椒，表达辣口味的食品；淡蓝色的包装给人一种纯净的感觉，经常应用于矿泉水、化妆品的包装中。

7. 色彩前进感与后退视错觉

色彩的距离感与明度和纯度有关。明度和纯度高的色彩具有膨胀的感觉，显得比低明度、低纯度的色彩大，因此具有前进感；相反，明度低、纯度低的色彩具有后退感；暖色有前进感，冷色有后退感。色彩的前进感与后退感，可在一定程度上改变空间尺度、比例、分隔，改善空间效果。

8. 色彩兴奋与沉静视错觉

色彩的兴奋与沉静和色彩的冷暖有关，红、橙、黄等暖色给人兴奋感；蓝绿、蓝、蓝紫等冷色给人沉静感；中性的绿和紫既没有兴奋感，也没有沉静感。此外，明度和纯度越高，兴奋感越强。

9. 色彩听觉视错觉

"绘画是无声的诗，音乐是有声的画"。视觉的享受可以使人联想到流淌的音乐，听觉可以使人联想到斑斓的色彩，甚至一幅幅优美的画面，色彩与音乐相辅、相生、共通。"听音有色、看色有音"，是对视觉与听觉的最好描述。

三、视错觉与图形

视错觉图形种类繁多，将视错觉图形运用到包装设计中，给包装注入新的活力。

1. 图底反转图形

图底反转视错觉图形主要是利用图和底的互换，用图来强调底，用底来衬托图，图是主题，较为突出，让人一眼就能看出全部轮廓；底是辅助，较为靠后，但是不容易被人发现，容易被忽略。当把图和底的关系互换之后，图和底都具有了吸引人注意的特点，此时图和底就处于同样的位置上，互相衬托，互相依靠，缺一不可，产生一种虚实结合、互相补充的效果，给人一种耳目一新的感觉，增加画面的趣味感。

2. 共生图形

共生图形是指图形与图形间能够相互生成、相互依托、相互利用，把图形共用的部分去掉，所有图形则会变得不完整。共生图形起源很早，我国对共生图形的利用在原始时期就已经开始了。如原始时期在彩陶中起装饰作用的几何纹样就是利用共生关系制作的。这些图形打破了常规的思维方式，通过虚构与联想、变形与夸张、矛盾与运动的创作手法，设计出两个图形或多个图形相互依存的巧妙空间，丰富人们的视觉资源。共生图形形式表现多样，按照其特征一般分为以下四种。

（1）完全共生图形。完全共生图形指的是一个单独的图形从不同的角度观察时，这个图形会变成另一个完整的图形，两个图形完全共用，只不过是视角有变化，视觉效果非常神奇。这种奇妙的现象主要是让观察者通过上下、左右、倾斜等不同的视角观察物体时，使其视觉认知上产生恍然大悟的错觉。其实，这种现象在日常生活中普遍存在，即使是人们身边司空见惯的物体，将其旋转方向或转换视角也能够让人获取不一样的视觉信息。

（2）局部共生图形。局部（合轮廓）共生图形，是指图形的某一部分（轮廓或形状）和其他图形共用，形成的富有趣味的图形。我国传统图案中"三兔争耳""四喜人"等均是局部共生图形的典型作品。

局部共生图形主要运用到图形、图案设计。中国传统图案"四喜人"。"四喜人"是一种民间美术造型，它的造型采用的就是局部共生原理，利用形与形的部分重合和借用来造型。四喜具体是象征人生四大喜事：一为久旱逢甘霖；二为他乡遇故知；三为洞房花烛夜；四为金榜题名时。四喜人图案以两儿童相互颠倒组成，巧合成四孩童的效果，故名"四喜娃娃""四喜人"，寓意吉祥如意，美好幸福。四喜人材质也不尽相同，有青铜、玉、木材等。"四喜人"的造型体现了中国传统文化的博大精深，深受人们喜爱。

（3）寄居共生图形。寄居共生图形是指很多个小图形寄居在一个大图形当中，而这些小图形又是大图形的局部。大图形是寄居共生图形的主体部分，小图形则是局部构成。人视觉感知的第一个对象为大图形，经过进一步地仔细观察，小图形才会慢慢呈现出来。

在包装设计中运用视错觉共生图形的构形手法，可以表现一种不同寻常的创意，达到"亦彼亦此"的神秘感。例如，某品牌自然概念蜂蜜包装设计，容器采用单个蜂巢的造型，在陈列展示的时候把产品有次序地摆放，能形成强大的视觉效果，像是真正的蜂巢，设计又贴合产品的本意。

（4）不完全图形。不完全图形是指人们利用视觉有闭合倾向的原理，通过省略、模糊、变形、夸张、分裂、暗示、遮盖、变形等手法对图形进行有目的地处理。人们在知觉感应中，其记忆、经验、知识会对不完整的对象加以修补，使其具有完整性。

在设计中应用不完全图形视错觉原理，容易引起人们更多的兴趣和思考。如某品牌饮料瓶包装设计，简洁而提炼的卡通形象配以鲜明的配色，让这些原本就熟知的角色既熟悉而传神，又带来了新的感觉。

"艺术家通过设计的语言把不完全的图形以更震撼的视觉效果或更有意味的形式呈现，可以体现一个艺术家真正的创造力。"可见，与普通图形相比较而言，不完全图形不仅能够吸引人们的注意力，而且能使人们积极、主动地组织、辨认图形。在设计中应用不完全图形，设计也变得不再枯燥、平直、单板、乏味。

3. 同构图形

同构是一种映射，具体而言，是把需要表达的意义和目的通过运用人们所熟悉的事物形象以艺术的形式呈现出来。这种形式是通过对象之间存在某种相似或内在联系取得的。这种相似性和内在联系是心理上的、视觉上的、知识上的、经验上的，最终使图形相互转化、相互而生、相交而成。如预防啃咬手指的药品手提袋设计，设计师将手提袋整体设计出一个人张嘴的图案，手提袋的手提周围是人张开的嘴巴，当人们用手提手提袋的时候，正好手放进嘴巴里，与产品的寓意不谋而合。

同构图形以强烈的视觉反差给人们呈现奇特、轰动的视觉效应和心理感受。其通常有三种表现形式：异形同构、异质同构、置换同构。

（1）异形同构。利用物象之间相似的因素来设计图形是异形同构的表现手法。异形同构能够使两个或多个不同的物象在视觉上、心理上联系起来，使客观世界中不可能存在的现象在图形中变成可能。

如面条包装设计，面条跟头发似乎是无内在联系的两种东西，但设计师将它们别出心裁地画上了等号。先是在整体上采用了简洁直观的白色包装盒，然后勾勒出了简单的女性面孔，而透明视窗则变成了三种不同形状的轮廓，在面孔与轮廓的衬托下，宽面、意大利面条和螺旋形面团三种不同形状的面条，就巧妙地变成了三种不同"发型"。

（2）异质同构。异质同构是指物体原有的质感发生了变化，使原来的形象因为材质发生了变化变得奇异、有趣。利用异质同构的手法对没有新鲜感或失去兴趣的物体进行质地改变，可以唤起人们对物体新的感觉，产生强烈的震撼感与不可思议的视觉效果。

在国外，很多企业和商店都会赠送各种厕纸给他们的客户以示感谢。为了使这些卫生纸卷在视觉上更具吸引力，设计师创建了有趣的"水果手纸"包装，让它们看起来像极了美味多汁的水果，如猕猴桃、草莓、西瓜、橙子等款式。

（3）置换同构。置换同构通常是将事物的某个特定的、有代表性的、特色的元素和不属于这个物体的某部分互换。简单地讲，就是一种"偷梁换柱"的手法。这种巧妙的置换、荒谬的逻辑，可以渲染图形效果，表达对象特定的寓意，加强事物深层的含义。

例如，某品牌创意纸杯设计，让人好像看到了被杯子遮挡的人脸部分，其实是将被遮挡的部分通过纸杯上的类似图案显现出来，但是纸杯子上的人脸部分图案要准确地对准人脸被遮挡的部分，不然，这种以假乱真的错视效果不能100%地表现出来。

4. 混维图形

混维图形是利用视错觉原理对物体的某个部分做一些特殊处理，使本来平面的立体化、立体的平面化。这种平面、多维的虚空间，主要是通过透视学原理，使画面中产生多视点、多变化，引发受众产生空间幻想或空间联想的视错觉。在视错觉图形中，为了使图形产生立体、三维、空透纵深的视觉效果，一般可以采取对比、叠加、透视、虚实等设计手法；然后借用重复、扩张、放射、线条、旋转等表现手法，能使平静、直白的画面瞬间跳跃、运动起来。这种变幻不定的图形刺激着观察者的视网膜，使其在视觉上产生错乱，从而影响人心里的感受。

矿泉水的瓶贴设计，中间看似瓶子已经镂空，其实只是瓶贴中的圆形图案，只不过是使平面的图形加上阴影虚实关系，给人穿透的立体感，让观察者对产品产生好奇与兴趣。

5. 矛盾空间图形

矛盾空间图形是一种想象的、非客观的、非常规的空间。它是利用观察者的心理设计出不符合现实的空间。通常矛盾空间图形的形成在于利用视点的交替和转换，造成空间结构混乱，形成模棱两可的视觉效果，对人的视觉形成了巨大的挑战。在现代设计中，矛盾空间因其反常、怪诞、奇趣的视效应被广泛地应用于设计中。

随着观察者知觉发生变化，原来的空间呈现相反的或不同的空间状态，出现不确定的感受。比如，某种图形在一种知觉下看起来是凸出来的，在另一种知觉下看起来是凹进去的，两种知觉的视觉效果随着视角切换不停地转换。

例如，某品牌葡萄酒包装设计，白色曲线围成的图案给人往里凹进的错觉，粗字体与细字体相比，给人往外凸出的感觉。由此可见，矛盾空间图形非常引人注目，同时，也需要设计者从图形的空间角度进行观察和分析，对图形形态有充分的认识和理解。

四、视错觉与文字

在包装设计中，文字是传达商品信息的，同时，也被作为一种图形符号来提升商品的品牌形象。但是文字具有特殊性，在包装设计时不能随意修改，要根据文字特点、产品属性和环境要求综合分析。中文、英文两种字体在我国的包装设计中是应用最广的。由于二者属于不同的语系，还存在地域差异的影响，所以它们之间存在着许多差别。汉字是象形文字，点状节奏、独立成形，每个字占用的空间均匀。而英文是表音文字，线状节奏、错落有致、块面感强。同种语系不同字体间也有差别，如黑体是四周饱满字体；楷体是四周占用率低的字体。宋体给人一种纤巧、俊逸的感觉，黑体给人粗壮、简洁、严谨的感觉。在设计时，前者需要更大的行距，后者可用较小的行距。还有同大小的包装容器，同净含量的商品，商品名字体大的比字体小的显得略重些。

1. 文字形视错觉

在设计中以文字为创意的突破口，主要是借助字体形的相似性及利用人心理完形性的特点。在字体设计中利用视错觉会使字体具有"一形多义"的效果，引起受众产生多方面的心理联想。

2. 文字空间视错觉

文字设计创意的另一个突破口是空间视错觉。如果能够合理地应用、打破常规，不仅可以呈现出乎意料的空间视觉效果，而且丰富了观察者的想象力。

在设计中应用文字视错觉还是比较广泛的。在包装设计中，如果能够主动地、灵活地、有意识地、合理地利用视错觉原理，必将丰富文字的视觉形态，包装也会由平庸变为突出。但是应用也要适度，因为包装设计中的文字应该具备易识别、可读性的特点。

如某品牌膨化食品包装设计，在产品名的字体后面添上深颜色背景，能够使平面的字体产生三维的空间效果。

3. 文字图底视错觉

在文字设计中运用视错觉原理寻求创意的途径是将文字、背景互相转换。图与底的视错觉给人们提供了新的灵感和创意思路。但是在文字设计的时候，不能只考虑画面当中"图"的部分，衬托文字的空白或背景部分也应该被重视。

第三节　文创产品包装设计

随着近年来的复古热，传统文化被逐渐重视起来，文创产品也成为了人们追捧的对象。品牌化之路是文创产品在竞争中脱颖而出的利器。在打造品牌时候，包装是消费者视觉感受的第一步。产品的包装要和产品的优良品质相匹配，这样才能相得益彰，塑造品牌价值，好的产品包装甚至本身也是一件非常优秀的文创产品。

我国在产品营销方面，历来重视包装设计的创新和潜藏的文化内涵，但也存在着设计雷同的问题。文创产业的不断发展，让包装设计的创意也变得越来越重要。包装设计是重要的产品营销手段。带有文化气质的包装设计不但可以传递产品的价值内涵，而且会调动消费者的感官，吸引消费者认同产品价值并购买。

文创产品有显著的文化特征，设计者需在包装设计中呈现文化属性，利用符号、构图或色彩搭配等方式，突出文化特征。（包装的设计能够体现产品的文化特性）在设计界或者学术界，我们经常会听到"新中式"这个词，特别是在家装行业流传得比较多。

一、新中式风格

（一）新中式风格的起源与发展

新中式风格的概念最初是在建筑设计和室内设计中提出的，它源于中国传统文化的复兴，当现代设计风格流行时，它主张使用古为今用。

随着我国国力全方面增强、民族意识的逐步恢复、国内设计水平的提高，国内设计师们开始从传统设计中产生出新想法。随后，"新中式"风格在室内设计和时装设计等领域内各成独特体系，并取得了较大发展。与此同时，新中式风格在包装设计中的运用也逐步发展起来。我国传统包装设计理念转变为新中式风格，关键在于其深刻内涵的转变。纵观国内大多博物馆的文创产品以及文创衍生品开发，包装设计的发展面临两大困境：

一是存在对传统文化和古典艺术重复使用、完全照搬以及创意匮乏等问题。如果中国传统文化、古典艺术与载体形态缺乏关联，便会与产品的使用形态产生割裂，消费者在文创产品及其衍生品种中不易感受到传统美感和民族意识，进而使消费者难以理解根本的民族本质和文化特性；二是如何将国际元素和现代设计语言融入"新中式"风格。新中式所倡导的中西结合和古为今用，为包装设计所面临的相关问题提出了新的解决方案。因此，新中式风格与文创包装设计的融合具有必要性。

（二）新中式风格包装设计定义

"新中式"风格包装设计是中国传统古典文化与现代在时间中的结合，以沉稳内敛的传统文化为出发点，融入现代设计语言为现代产品的包装注入中国古典文化。它不是简单的元素堆砌，而是通过对传统文化的认知将现代元素和传统元素结合在一起，分别从视觉上、心理上、材料肌理上体现现代人的审美需求，让传统艺术在当今社会得到合适体现，让使用者感受到民族本质和文化特性。

将现代设计语言和国际元素融合，以现代人的审美需求、消费心理契合、肌理感性关怀来创造带有符合中国传统韵味的新艺术包装。

（三）新中式风格在文创产品包装设计中的表现

新中式风格是现代包装设计中永不衰竭的原动力，现代包装设计不仅要发展，而且肩负着发扬中国文化的重任。

图形、文字、色彩、材料等都是包装设计过程中所运用的主要元素，合理运用这些元素，可以将艺术信息有效地传达出来。

1. 文化视觉传达——文字、图形

文创包装是利用原生艺术品的符号意义、美学特征、人文精神、文化元素对原生艺术品进行解读或重构，通过设计者对文化的理解，将原生艺术品的文化元素与产品本身的创意相结合，形成一种新型文创包装。在包装设计领域，基本都需要运用到中国传统图形和汉字。

（1）文字。文字在包装的设计当中发挥着不可替代的作用，有着传达信息的重要使命，消费者往往通过包装设计中的文字来了解产品的一切信息。

中国传统文字作为人民智慧的结晶与历史的传承，有着极强的地域性和民族特色，表达着传统文化的韵味与沉淀，为现代包装设计行业提供更多的可能，因此，应充分利用现代的设计语言体现中国传统设计元素，重新构建包装设计的新风格。中国传统文字在长久的发展历程中形成独特的审美方式，书法、绘画作为中国传统重要元素，其本身就有欣赏价值和传统文化价值，传统书法与水墨元素结合展现出独特的古风古韵。

汉字在图形化和可视化方面的优势是其他语言中无法比拟的，因此，文创包装设计在蕴藏的中国文化的深层含义中寻找设计元素以及灵感，以中国传统文字为元素，将其图形化运用到文创产品包装中，打造出强烈的视觉冲击效果。

例如，高级感的——"文化茶"包装设计。汉字被解构为二十八个独特的笔画，表现在茶包装上。包装是专门围绕产品形成的，以加强沟通，促进汉语学习。包装材料为麦草浆纸板，70天内可完全生物降解。在纸浆混合过程中，不使用化学品，而是通过"粉碎、蒸煮和浆液加工技术"围绕产品形成的。

传统文字元素的笔画、图形、韵律和色彩是文字元素的重要提取物，是与其他元素结合优先考虑的内容。中国传统文化元素与现代设计元素的结合是流行趋势，是传承中国传统文化的方式，也是提升包装设计文化功能的一种手段。在这样的趋势下，如何将该种融入文字元素的包装设计立于不败之地，需要设计人员不断地尝试与创新，深度挖掘文字元素中的魅力，让我国的包装设计有鲜明的民族特色。

（2）图形。现代包装设计是一个国家思维习惯、文化精神、社会风俗和民族精神的直观体现。图案也是中国传统包装元素的重要成分。人的视觉对图形的感知力是非常强的，而且图形传递信息的速度高于文字（图形优于文字的重要之处是图形以其独特的视觉特点，能够激发人的想象力）。

我国传统图案博大精深，意境深远。例如，中国传统吉祥神兽动物，青龙、白虎、朱雀、玄武、凤凰、蝙蝠等；代表中华民族特色的图案，十二生肖、祥云、太极等；或是人物画、动物画、植物画等，无一不具备独特的魅力。

现代文创设计可以从中国传统包装元素的图案中吸收灵感，设计出具有民族风味的作品。比如可以采取谐音寓意。我国汉语具备谐音双关的基本特点，一个读音可以有几种符号。所以，中国传统包装中很多设计采用图形表示，并具有双关意思，比如"禄"这个字象征祥瑞，鹿与"禄"谐音，在包装设计中画上一只鹿，寓意长寿发财；鱼与"余"谐音，在包装设计中画上一条鱼或者一群鱼，表示年年有余，代代丰收。这种借形、谐音的设计手法值得我国现代文创设计学习。

我国传统图形文化是一种无形的文化宝藏，其在现代包装设计中的应用有助于提升商品包装设计效果，提升商品的文化价值。在新的消费环境下，新中式风格包装设计应将文化情怀、经典元素与当代生活相融合，让当代消费者更容易接受，这种文化传承，让文化走入大众内心。可以将文创产品形态进行解构重组，创造出新的具有趣味性、创意性、艺术性的图形，并印在包装上，个性地表现出文创产品的形态，符合艺文创产品的特色。

2. 消费心理契合——色彩

文创产品包装设计中，色彩对人的视觉是极具冲击力的。当人们接触到文创产品包装的时候，首先就会对色彩有感知，并对色彩的设计表现力予以识别。色彩之所以会使人有感觉，是由于色彩能够激发人的情感。

要使新中式风格包装设计既具有内涵又独树一帜，就必须立足于我国传统的色彩观和色彩体系，汲取其精华，并将其运用于包装设计之中，创造出具有中国特色的包装设计作品。故宫文创在包装设计中的应用主要采用"五色"，中国传统的五色体系把青、白、红、黑、黄视为正色。

让文化流行起来的理念是故宫博物院通过将传统文化与流行文化相融合，以及与实用产品相融合，故宫文创包装设计从中国传统文化中提炼出代表新中式的文化元素，采用五色运用到文创包装上，不仅传递了自身的文化底蕴、避开文化中的厚重感，而且体现了文化情节的细节，真正贯彻到大众的生活中。如：故宫文创包装设计中的喜福连绵艺术纸。该设计图案全部取材于故宫藏品的图案，还原故宫文物丰富的色彩，端庄的中国红、庄重的黑色、富贵大气的金色，加以美好寓意的传统纹样图案设计，这些就是新中式风格的艺术品。

新中式的色彩设计不仅仅局限于中国传统配色上，一些设计师提取了更多代表中国传统文化颜色于设计中。如：经典的黑红配色，在精神层面上就能表达出商品经典面又典雅的感觉。

3. 肌理感性关怀——材料

文创产品包装不能只具有审美性，更需要结合功能的使用，让文化在使用中得到理解和传承，而其中包装的材料肌理是决定功能实用性的重要部分。

古人云："施工造艺，必相质因材"。不同的材料和不同的工艺能使包装表面展现不同的肌理感受和使用性能。包装材料最能体现中国传统包装元素的精华。瓦楞纸板箱、卡纸盒和吸塑包装是目前常用的包装材料，这些材料具有低成本、易采购等特点，但也存在包装形式千篇一律、没有创新空间等缺点。所以，要想在文创设计中应用传统包装元素，有必要创新包装材料，陶罐、瓷瓶、竹编、玉米叶等都是传统的包装材料。比如：酒类包装，可以使用各种陶罐、瓷瓶做包装材料，不仅外观精美，而且能体现出我国酒类产品深厚的文化底蕴，通过外包装将酒的文化特点传播给消费者。

目前，我国文创设计者要慎重思考如何通过合适的材料将文化创意体现出来。文化是传统的价值守护，文创是新生活创生，但核心还是文化价值。将传统文化合理融入包装设计之中，不仅能体现产品的特点与优势，而且顺应了消费者与市场的需求。在传统文化中寻找包装设计的灵感，不仅是中华古典纹样的堆叠与摆放，而且可以从精神和思想中融合传统艺术，符合时代发展的同时又为设计师提供了新思路，以更多的创新灵感激发设计师设计出适合我国的新中式包装设计。

二、文创产品包装设计原则——包装的创意吻合文创产品的诉求

1. 文创产品与文创产品的包装之间是主次关系，以文创产品为主、包装为辅，其包装创意要与文创产品的内容形象保持统一。

2. 有不少包装设计"用力过度"，不仅颠倒了产品与包装的主次关系，而且与文创产品的定位也不相符，从而不能真正满足文创产品的诉求。

3. 除了吸引消费者来购买文创产品外，文创产品的包装还应具有宣传文创产品的功能，这就需要包装在创意表现上不能脱离文创产品本身的性质。

目前，包装设计呈现出缺乏创意、脱离文化、设计雷同、脱离市场等多种问题，极大地影响文创产品的营销和 IP 打造。而好的包装设计一般呈现出三种特点，即具备文化内涵、审美价值和营销功能，并集三种特点为一体。而文创产品的包装设计一般呈现出以下几种形式：第一，包含中文解释。文创产品的包装设计首先要有一个具备文化内涵的背景故事，故事具备传播性，而简要的中文字体可以起到概要故事的作用，当人们看到设计上的中文解释就可以第一时间想到这个文创产品；第二，具备传统文化特性。包装设计的目的是传播文创产品，因此，要具备创意性，并在设计的视觉传达上融入传统文化元素；第三，将传统元素与现代设计相结合。一般情况下，传统元素在包装设计中的展示形式是以图形的方式进行结构组合的，并用现代设计的创意对其板式构图，并呈现出一定的寓意。

文创产品的包装设计在文创产品开发中扮演着重要的角色。合理的文创产品包装设计不仅可以有效地宣传文创产品本身，而且可以提升文创产品的附加值。同时，作为传统文化精神内涵的延伸，对传统文化的传播有着积极的意义，也给大众带来审美与实用兼具的购物体验。此外，还通过吸引消费者购买文创产品，带来一定的经济效益。

第八章　文创产品设计制图

在充分地调研与学习，完成设计定位之后，设计制图是将前期的设计理念物化的过程。通过设计草图可以细致全面地观察推敲设计方案。

设计制图的主要教学目的是培养学生自觉运用各种作图手段的能力，包括图板绘图、徒手绘图和计算机绘图等手段，训练设计者对设计对象构思、分析和表达的才能。不容忽视的是，现代产品设计要求设计人员在设计过程中，对设计对象的表达不仅要从形状、尺寸、大小等方面进行，而且要考虑产品的加工制造工艺、装配的合理性，以及其经济价值、实用价值和技术美学等多重方面因素。综上所述，设计制图的绘制过程，综合了工业造型设计、工程结构、制造工艺、装配工艺、设计计算、计算机技术、工业经济等多方面的知识和能力。

第一节　草图绘制

手绘快速表现需要设计师以线条的方式将脑中已有的产品设计构思清晰准确地表达出来，在较短的时间内表达精准是关键。快速表达是否准确、清晰，就需要兼顾诸如造型、透视、内部结构、线条流畅度、画面整体性等因素，这样才能保证完整还原设计师的设计构思。

除了运用三视图的绘画、组合体表达产品形态外，还要有使用方法、零件图与装配图。根据实际设计情况，草图绘制又可分为：概念草图、形态草图、结构草图三种形式。

一、概念草图

概念草图是设计的初始化表达或者造型的概念阶段，其具有待继续推敲的可能性和不确定性，要求设计者后期继续深入研究，但是能够表达初期的意向和概念。概念草图要求能够说明基本意向，具有图纸的特点以及大致的比例和形体的准确度。草图以表现设计概念为佳，通常不要求很精细。

首先，概念草图就是把一瞬间的想法画出来，在此基础上将设计想法扩展延伸。这种方法可以让设计师开拓思维想象，并表达反馈在实际的视觉图像中。

其次，概念草图设计具有自由化的特点，可以绘制多个草图，风格也可以不同，总之是鼓励设计师去表达自己的想法。

最后，草图设计是设计师本身设计理念和定位的体现，往往决定之后设计的发展方向。

学生只要把握住这几点就能将概念草图绘制好。

二、形态草图

设计者以概念草图为基础反复进行设计的论证、发展和确认，通过对概念草图的多方论证与筛选，找出具有优质设计意图的草图进行进一步的深入研究与刻画，一般情况下，此种草图称为形态草图。形态草图要从产品的造型、色彩及材质等方面进行设计，做到视觉效果直接表现，此时透视图的表现方式更为适合。使用工具更加丰富，除了绘制线条的各种笔类外，还可以使用马克笔、水彩颜料等表现工具。

三、结构草图

结构草图是当设计师经过论证、思考而得到某个可行的具体产品形象时，产品形象的各个角度特征会随着绘图的进展而逐渐清晰，此时的草图称为结构草图。在所有产品设计草图中，表现产品整体形态的图，称为主图，其他辅助图形和文字、符号应围绕主图，用来清晰地表现产品方案，使产品特征一目了然。产品视角的选择在绘制产品整体透视图时尤为重要，要选择那些能最大化地体现产品特征的角度。

1. 产品操作方式说明图

产品操作方式说明图是结合产品使用场景，通过使用的步骤图、产品与人体的关系、操作过程来展现产品。这些需要应用一些人体简图结合产品草图来表现。如果能形成完整的产品设计故事板，就会使得观赏者更加直观地感受到产品设计意图。

2. 产品结构分解图

在完成外观设计环节后，就要思考产品结构的问题了。产品结构分解图需要产品设计师与结构工程师沟通、协调、合作进行。只关注产品的外观是不全面的，产品设计更重要的是结构的稳定性、可靠性、安全性等。在相互交流这些结构问题时，说明性草图更具说服力。产品结构分解图不需要过多地修饰，要尽量客观地传达设计意图，防止交流中产生歧义。

3. 产品外观尺寸图

产品外观尺寸图是标注产品外观尺寸的设计草图，对于产品的大小、高低、薄厚等具体尺寸都要一一标注。没有尺度设计的方案是不完整的。很多时候，在设计方案细化时会发现产品尺寸上有些功能矛盾，不得不对前期的设计重新修改，无疑会给设计进度带来很大的障碍。绘制设计草图过程中，要从人机工程学方面考虑产品尺寸，即通常所说的人机尺寸。这也是设计师在画草图时经常忽略的一点。有的设计师会把注意力集中在产品的外观和功能设计的层面，但却容易导致徒有其表、经不起推敲的结果。通常可以用三视图标注尺寸表现。

第二节　电脑制图

在文创产品设计过程中，设计被分为两种不同的程序：一种是工程制图，即工程师根据产品内部结构与零部件，合理地安排产品的内部结构；另一种是设计师的产品外部形态制图。设计师必须了解基本工程设计原理，熟练运用各种制图工具。文创产品设计制图又可以分为立体与平面两种，设计的制图软件各不相同。

一、文创产品建模效果图

文创产品立体建模效果图应以接近真实产品的视觉形式，清晰、准确地表达产品的造型、色彩、材质以及功能。经过对各种草图方案的绘制及方案论证的初步评价与筛选之后，选择可行性较强的方案在更为严格的限制条件下进行深化。设计师必须综合考虑各种具体的制约因素，包括内部结构、比例尺度等。在现代的产品设计中，各种二维绘图软件及数位绘制板、计算机辅助设计建模工具是较为常见的制图形式，计算机辅助设计能够有效传达设计预想的真实效果，具有手绘代替不了的优势，为下一步进行研讨与实体产品制作奠定基础。

计算机建模同样是一个调整的过程，可以使草图设计中的尺寸概念更加清晰。遇到尺寸与造型不匹配时，在建模时可以根据参数进行调整，让产品更具合理性和完整性。

在建模过程中，要尽量让产品细节表现得丰富，尽量塑造产品的真实感，如部件之间的缝隙、边缘的倒角、小图标等。

二、文创产品平面效果图

图形设计的一大特征是平面化的表现。它将现实中的事物在二维空间中进行表现，追求画面的生动、饱满、均衡的效果。二维形态的设计可以二维形态独立存在，还可以附着在三维形态的产品之上，起到装饰的作用，拓展作品表现空间，使设计价值最大化。

1. 常用的平面制图软件

（1）Adobe Photoshop。Adobe Photoshop（简称 "PS"）主要处理以像素所构成的数字图像，使用强大的、众多的编修与绘图工具，可以进行有效的图片编辑工作。PS 制图在图像、图形、文字、视频、出版等各方面都有涉及。

（2）Adobe Illustrator。Adobe Illustrator（被简称 "AI"）是一种应用于多媒体、出版和在线图像的工业标准矢量插画软件。作为一款功能强大的矢量图形处理工具，主要应用于印刷出版、多媒体图像处理、互联网页制作和专业插画等，AI 以其较高的精度和控制，适合生产任何复杂的项目。

（3）CoreIDRAW/Graphics Suite。CoreIDRAW Graphics Suite（简称 "CoreIDRAW"），是一款专用于矢量图形编辑与排版的图形制作工具软件。CoreIDRAW 包含两个绘图应用程序：一个用于矢量图及页面设计；一个用于图像编辑。两种程序的组合带给用户强大的制作工具，为用户提供矢量动画、页面设计、网站制作、位图编辑和网页动画等多种制图功能。

2. 产品渲染

所谓 "三分设计、七分渲染"，虽然说有些夸大其词，但在一定程度上也说明了真实渲染效果的作用。产品的渲染能够使作品看起来更加完整、真实。渲染的目的是使观者感觉到产品的真实性，更接近商业标准。

常用的产品渲染工具有 KeyShot 和 Brazil。KeyShot 的优势有两个：①速度快，基本上几分钟就能出结果，KeyShot 可以做到完全实时渲染，效率极高；②操作简单，KeyShot 在工业产品的渲染方面优势突出，材质、灯光、场景都是现成的，拖动即可赋予材质，对于初学者来说简单易学。在使用时可以结合 Photoshop 使用，能基本满足产品渲染需求。

第三节　文创产品包装设计

一、包装设计

商品化的今天，文创产品除了要满足功能所需外，还应对文化与艺术有所传承。文创产品正以越来越重要的位置丰富着我们的生活，得到社会各界的关注。好的文创产品的包装设计要与设计产品相匹配，包括设计风格与内部产品展示，以及包装材质。包装设计要起到促进商品销售的作用，并能在商品流通过程中更好地保护商品。值得注意的是，文创产品的包装设计可以使商品在竞争中脱颖而出，是塑造品牌形象的一种途径。在打造品牌形象时，产品包装率先进入消费者的视野，因此，包装的设计对于产品的销售非常重要。产品包装设计包含视觉包装和心理包装，包装设计绝不仅仅是机械地将包装做出来，而且要得到消费者视觉和心理的双重认同。

对于文创产品包装设计而言，不能一味地迎合消费者的喜好，应该反映品牌的风格形象特征。同样，包装设计也一直跟随着市场变化的脚步，各大品牌纷纷尝试将更多的创新与附加价值引入自身的产品包装设计之中，寻找品牌发展的突破。

1. 数字包装印刷

数字包装印刷技术在当今社会的应用已经非常普及，文创产品包装设计也同样普遍利用数字印刷进行包装的设计与生产。产品的包装设计可以通过以下两种方法来实现，当然，关于包装设计的具体方法还有很多，这里就不过多赘述。

（1）产品展示法。产品展示法是一种常见的、运用十分广泛的方法。由于这种手法是直接将产品推向消费者面前，因此可以迅速建立消费者对产品的亲切感和信任感。在具体设计时，应着力突出品牌和产品本身容易打动人心的部分，要十分注意画面的排版组合和展示角度，字体的大小与样式要与产品风格和画面组合相匹配，还可以运用背景和色光进行烘托，使产品更具感染力与视觉冲击力。

（2）突出特征法。突出特征法是产品包装鲜明地表现出产品或主题本身的突出特征，彰显与众不同的品质。在包装设计时，要将这些特征置于画面的主要视觉部位，使消费者可以直观地感受到产品的特征，并产生兴趣，达到刺激消费欲望的商业目的。在包装设计表现中，抓住个性产品形象、特殊功能、标志等要素来设计，并着力加以突出和渲染是比较常见的设计方法。突出特征的手法是包装设计中突出广告主题的重要手法之一，运用得十分普遍，有着不可忽略的表现力。

2. 绿色环保生态化包装

随着现代社会的不断进步，人们的观念意识不断提升，社会大众的环保意识越来越强，绿色环保产品包装逐渐被社会青睐，有着很大的发展潜能。在这种时代背景下，可重复使用的绿色环保包装将会成为影响消费者购买行为的重要因素。因此，文创产品包装设计应充分重视此因素对于品牌竞争力与营销战略的影响。顺应时代发展的文创产品包装设计，应该在考虑产品固有的功能的展示外，充分发挥产品包装的可持续利用潜力，延长产品包装的使用周期，这将有助于拓展文创产品品牌的形象塑造和影响力。

3. 多层面包装设计

多层面包装设计是综合多方面因素，从多角度、多层面考虑进行产品的包装设计，也是为了适应越来越激烈的文化创意市场竞争，通过多方面因素的共同配合建立起品牌的核心竞争力。

二、包装材料

包装材料是指用于制造产品配套包的材料，需要满足包装容器、包装装潢、包装运输等要求，它既包括金属、玻璃、塑料、纸、陶瓷、竹木、天然纤维、化学纤维、复合材料等主材料，又包括辅助材料，如捆扎带、装潢、印刷材料等。

塑料包装材料是最为常见的包装材料，广泛应用于各类产品的包装之中，如撕裂膜、封箱胶带、中空板、缠绕膜、热收缩膜、塑料膜等。

常用的纸包装材料有纸袋纸、蜂窝纸、蜂窝纸板、干燥剂包装纸、牛皮纸、蜂窝纸芯等。

复合类软包装材料有软包装、铁芯线、镀铝膜、真空镀铝纸、铝箔复合膜、复合纸、复合膜等。

陶瓷包装即为各种陶瓷材质的包装，如比较常见的陶瓷酒瓶等。

金属包装材料有些为包装辅助材料，如打包扣、桶箍、马口铁铝箔、钢带、泡罩铝、铝板等。

木质包装材料因其坚固性与韧性常被用于易碎品或较为强调品质感的产品包装，如陶瓷产品的包装常用木质的包装材料。

玻璃包装材料有玻璃瓶、玻璃盒、玻璃罐等。

随着时代的发展，包装的形式与材料不断地推陈出新，倾向于更便捷、更环保的发展方向。如一体成型便携快客杯包装，为那些旅行在外却又注重生活品质的人们提供了便利。

第九章 文创产品包装设计方案构成要素应用研究

本章主要对文创产品包装设计方案构成要素应用进行研究，具体包括色彩在包装设计方案中的应用原则与效应、文创产品包装中图形的选择方法、文创产品包装中文字设计原则、文创产品包装中设计元素的编排。

第一节 色彩在包装设计方案中的应用原则与效应

色彩、图案、文字是包装设计的基本要素。我们平时所见到的包装设计，虽然是由插图、文字、色彩等要素组成，但是通常人们在观看文创产品包装的瞬间，最先感受到的是色彩效果。商品包装的色彩以及做广告采用的色彩都会直接影响消费者的情感，进而影响他们的消费行为。

包装的形式处理应当与同类文创产品设计做出明显的区别。作为文创产品的推销手段，必须注意设计的竞争性而求新求变。人们的审美口味往往随着时间的变迁而有所变化，时尚色彩引领社会消费文化潮流，很多消费者为追求潮流选择商品，包装设计者在进行设计时应把握时尚色彩潮流，采用当前流行色系并应用于设计中，吸引消费者的眼球。因此，图案和文字都有赖于色彩来表现，色彩是影响包装设计成功与否的重要因素。

色彩是客观世界实实在在的东西，本身并没有什么感情成分。在长期的生产和生活实践中，色彩被赋予了感情，成为代表某种事物和思想情绪的象征。色彩也是一种既浪漫又复杂的语言，比其他任何符号或形象更能直接地通透人们的心灵深处，并影响人类的精神反应。根据心理学家研究，不同的色彩能唤起人们不同的情感，每一个色彩都有其所独具的个性，具有多方面的影响力。色彩是多种多样的，除了光谱中所表现的红、橙、黄、绿、青、蓝、紫，还有很多中间色，能用肉眼辨别的还有 180 多种。各种色彩给人的感觉更是多种多样，如白色可表达神圣、纯洁、素静、稚嫩；黑色可表达神秘、稳重、悲哀；红色可表达热烈、喜庆、温暖、热情；蓝色可表达广阔、清新、冷静、宁静、静寂等。大自然中的万事万物都离不开色彩，人类生活中的一切更与色彩有着密切的关联。

色彩作为商品包装的一大元素，是文创产品最重要的外部特征，在商品信息传达中有着不可替代性。在包装设计过程中，画面上不一定色彩越多越美，不要随意堆砌罗列，给人以杂乱的感觉。在色彩运用中必须敢于取舍，将色彩提炼，把色彩处理得艳而不俗。

离开商品自然属性的包装设计，就会违反消费者心理。色彩处理要符合人的生活习惯和欣赏习惯，才能提高色彩的表现力。

不同种类的商品包装，就必须要用不同倾向的色彩。例如，化妆品类的包装用柔和的中间色彩，如桃红、粉红、淡玫瑰色表示柔媚与高贵；在医药类包装中，用单纯的绿、蓝、灰等表示宁静、消炎、止痛等，用红、黄等暖色表示滋补、营养、兴奋。作为商品的汽车根据功能的不同所选择的颜色也有很大区别，救护车采用白色能给患者带来一种安适、冷静的感觉；消防车采用红色能给救火者带来振奋、紧急的感觉；邮政车采用绿色能给邮递人员带来快捷、高效的感觉。

即使是同一种文创产品，在不同时间段所选择的色彩也是不同的，例如室内用品，在冬季用红、黄等暖色会给人以温暖之感；在夏季用蓝、绿、白等冷色给人以清凉之感。

同时，色彩在各地区、各民族间也存在着很大的差异，文创产品的包装就应当根据当地的喜好来设计。因此，文创产品包装应当根据销售对象以及当地的喜好，选择合适的色彩包装，以适应不同地方的消费者。

包装是为文创产品而设计的，消费者在购物时，往往会通过包装设计的外表形象去推测其内装文创产品的质量。在商业竞争中，包装已成为促销不可替代的媒介，直接影响消费者的购买欲。通过包装这一载体来传达文创产品的内涵，消费者被包装所吸引而对文创产品产生兴趣。在包装设计的基本要素中，色彩发挥着至关重要的作用。

1. 引人注意

色彩能起到吸引人注意的作用。色彩能吸引人的视线，让人产生继续观看的兴趣。实验表明，色彩在包装设计中更具有吸引力和视觉冲击力。

2. 反映商品特性

色彩能够更加真实地反映商品的特性。色彩能把商品的相关信息真切自然地表现出来，以增强消费者对文创产品的信任和了解，使人们能够更加直观地认识和了解商品。

3. 暗示商品质量

色彩能起到暗示商品质量的作用。包装运用独特的色彩语言，借以表达商品的种类、特性、品质，便于消费者购买。

4. 突出主题

色彩能够突出包装设计的主题。包装中色彩设计的情调，能使消费者受到某种特定情绪的感染，直接领悟包装所要传达的宗旨，引起消费者的共鸣，使消费者对文创产品产生好感。

5. 赏心悦目

色彩具有悦目的视觉效果。良好的色彩设计不仅能够有效地传达商品的信息，而且具有一定的审美功能，能引起消费者的观赏兴致，给消费者以赏心悦目的审美享受和熏陶。

6. 加强记忆

色彩能起到加强记忆的作用。包装就是运用色彩的反复传递同样的信息，使消费者对文创产品留下深刻的记忆。

二、包装色彩设计特点

1. 传达性

视觉传达性是指文创产品包装的色彩设计能更有效、更准确地传达商品的信息。色彩不仅具有强烈的视觉冲击力和较强的捕捉文创产品视线的能力，而且能使消费者在阅读商品信息时更容易、更快捷。设计师在进行文创产品包装的色彩设计时，必须根据企业品牌的识别色系，结合市场调查和分析定位，运用色彩的对比和调和使包装设计可视、醒目、易读，与同类商品相比，具有鲜明的个性特征和良好的识别性。

在文创产品包装设计中，色彩的易见度和醒目度直接影响着文创产品信息的传达。色彩在视觉中容易辨认的程度称为色彩易见度。易见度受明度影响最大，其次是色相和纯度。人们习惯于白底黑字，就是因为黑、白两色的明度级差大，但同时可能有这样的经验，在白纸上用黄颜色的彩笔写字画画，会觉得眼睛识别困难，这是因为白色与黄色的明度差太小，其色彩易见度低，所以难以辨认。易见度还与色彩占有面积有关，面积大、明度高，色彩易见度就好。

色彩醒目度是色彩容易引起视觉冲击的程度。醒目度高的色彩易见度不一定好，如鲜艳的红色与绿色搭配非常刺眼，醒目度高，但易见度差，这是因为两色之间的明度差太小。醒目度高的色彩受色相与纯度的影响较大，暖色有前进感和膨胀感，容易引起视觉注意，较为醒目；冷色有后退感和收缩感，不容易引起视觉注意。喜庆商品的包装设计常常采用暖色系列的色彩搭配，除了具有喜庆感之外，也考虑到它的醒目程度，能更加吸引消费者。

在文创产品包装中需要突出的内容或信息，色彩设计时宜选择易见度高、醒目的色彩，如包装上的商品名称，一般都选用对比较强或明度较高的色彩，以突出主题。

2. 系统性

包装的色彩设计是一个完整系统计划。色彩与色彩之间、色彩与图形之间、色彩与文字之间、材质之间、局部与整体之间，以及系列包装之间的相互呼应、相互影响，直接影响包装色彩的整体效果。文创产品包装设计各个要素的和谐统一和良好的整体视觉效果是吸引消费者的法宝。文创产品包装的色彩计划和企业形象系统设计应相互对应，和企业的标准色、象征色保持一致风格。

3. 时尚性

时尚性是指在一定的社会范围、一段时间内，在共同的心理驱使下，在群众中广泛流传的带有倾向性的流行趋势，包括流行色，流行商品，流行的词语，流行的思想、理念，流行的生活行为，当前的世界几乎已经成为流行的世界。

在时尚型消费中，青年人很容易受流行的驱使，追求新的变化和流行，其中色彩最为明显，多数人喜好的、追捧的颜色成为流行色，包装的色彩设计的时尚性也因大多数消费者偏向选择流行色感强烈的颜色，而把时尚的重心放在了流行色上，所以在文创产品包装设计中，色彩的运用应恰当地考虑市场流行色对设计的影响，时刻注意流行色的趋势，走在时代的前沿，引领新的时尚，但时尚的主要要素还有包装的款式、造型等。

三、包装色彩设计原则

1. 色彩的应用要体现包装的功能

色彩能最早、最快地触动人的反应，直接刺激消费者的购买欲望。现代商业活动与包装设计中，存在着大量的心理功能性因素。正由于如此，现代包装的色彩设计就是要多层次地利用色彩视觉心理因素，营造所需要的功能性效果传达商品特有的信息。

包装设计是在有限画面内进行，这是空间上的局限性。同时，包装在销售中又要求在短暂的时间内让购买者注意，这是时间上的局限性。这种时空限制要求现代包装设计不能盲目求全，面面俱到，什么都放上去等于什么都没有。因此，色彩的处理在现代包装设计中占据很重要的位置，色彩在视觉表现中是最敏感的因素，色彩的整体效果需要醒目而具有个性，能抓住消费者的视线，通过色彩的象征产生不同的感受，达到其目的。这就是个性化的色彩。个性化色彩有自己的特性，主要体现在以下几个方面。

（1）独特性。包装色彩的运用并不能简单化、公式化。有些现代包装设计的色彩本应该按照它的属性来配色，但这样画面色彩的效果一般，所以设计师往往反其道而行之，使用反常规色彩，让其文创产品的色彩从同类商品中脱颖而出。这种色彩的处理使我们视觉格外敏感，印象更深刻。

（2）商品性。各类商品都具有一定的共同属性。化妆用品和食用品等有较大的属性区别。而同一类文创产品在分类上还可以细分，例如，化妆用品按功能或作用可分为淡斑类、消退粉刺类、美白类等。在运用时，要具体地对待，从而发挥色彩的感觉要素，力求个性化表现。例如，粉红色、粉橙色一般表示淡斑类化妆品的包装色，而粉蓝色、粉绿色一般表示消退粉刺类化妆品的包装色等。

（3）广告性。由于文创产品品种的不断丰富和市场竞争的日益激烈，现代包装设计也充当为一种广告，是商品与顾客最接近的一种广告，它比远离商品本身的其他广告媒介更具有亲切感和亲和力，因此，它在销售环节中的地位日趋重要，其中色彩的处理更是重中之重。含蓄色彩起消极作用，必须注意大的色彩构成关系的鲜明度的处理。

2. 色彩的应用要突出审美特点

创立品牌形象，吸引消费，这不是被动地去迎合消费者的审美趣味，而是可以通过创立品牌形象，提高大众的审美品位。文创产品的外观设计应满足消费者的审美要求，设计师必须要深入生活，深入、细致地了解人们的生活方式、审美趣味，才能设计出能带给人艺术享受的文创产品。文创产品的外观要不断创新，体现时代精神，引领时尚潮流，才可能被消费者认可。最终，使消费者从审美上感到"物宜我情"——符合消费者审美心理；从感知上感到"物宜我知"——符合消费者的知觉心理；从认知上感到"物宜我思"——符合消费者的认知心理；从操作上感到"物宜我用"——符合消费者的操作动作特性。这样才能实现"物我合一"的设计目的。

然而商品包装的要求不仅体现在追求新颖、独具创意上，而且要求商品包装设计富有人性味、乡土味、自然味。在包装中运用各种具有幽默、怀旧、自然、乡土气息等意味的表现语言，提升商品包装设计形象对消费者情感上的号召力，增添商品的人性味，使商品更加亲切，迎合消费者的情感。而色彩的情感因素是人类审美的经验积淀、演化而产生的。在生活中，一种色彩或色彩组合就可能引起人们产生特定的联想和感觉，这就是色彩的象征作用。例如，没有成熟的果实大多数是绿色的，会给人有"酸"的联想；而成熟的果实大多是橙红色的，使人感到有"甜"的味；太阳是红色，红色是暖的感觉；冰雪是白色，在冰雪的发射中放出的是蓝色的光，白色、蓝色是冷的感觉；黄色的阳光，是温暖和高贵的色彩；粉红色像少女的肌肤，是美和爱的色彩，等等。凡此种种，色彩被人类用自己的思想赋予了很多情感，说到底是色彩的情感。

3. 个性化的色彩要加强品牌的塑造

随着经济科技的发展，现代商业的竞争越来越激烈，各个企业推出的文创产品质量不相上下，在各有千秋的情况下，品牌的竞争最后就变成了包装这个"外在功夫"的竞争，尽管消费者心存疑虑，认为不可以貌取"物"，却又不知不觉地想象文创产品的内容和质量，在购买同等商品时，一般都愿意选择新颖美观的包装。这时色彩被赋予了人性的特征。包装色彩的人性化表现在以下几个方面。

（1）色彩的功能性和娱乐性的统一。包装色彩的功能性体现在多方面，有以突出商品特定使用价值为目的的色彩使用功能，现代包装设计色彩的人性化表现不仅满足了以上功能性需要，而且满足了现代人追求轻松、幽默、娱乐的心理需求。一般来说，包装的图案色彩要充分显示品牌商标的色彩特征，使消费者从商标色彩和整体包装的图案形状、色彩上立即能识别某厂的文创产品，或某品牌商店。

（2）色彩表现和情感需求的统一。俗话说："远看色，近看形"，这充分说明色彩能引人注目，抓住人心。成功的包装色彩，在于积极地利用针对性的表现，通过色彩把所需要传播的信息进行加强，与消费者的情感需求进行沟通协调，使消费者对包装产生兴趣，促使其产生购买的行为。色彩表现与情感需求获得平衡，往往是消费者因心仪的包装而欣然解囊的原因之一。例如，在20世纪80年代初，法国流行黑色，以黑色为贵，这时的化妆品竟出现了黑色调。黑色调有高贵、新潮之感。作家列夫·托尔斯泰的《安娜·卡列尼娜》中的安娜就喜欢黑色调，她穿上黑色的衣服显得是那样的高贵、典雅。因此，情感在包装设计中的重要性是显而易见的。但是并不是一切情感都能在包装上很好地表达出来，因为包装设计出的文创产品的服务对象是消费者，情感在包装中的表达要兼顾到所有消费者是非常困难的事情，消费者不同，兴趣爱好就不同，千篇一律的包装设计只能得到一部分消费者的青睐，所以现代包装设计在情感上要做出定位，也就是特定消费者定位。

（3）设计师思维与消费者心理的统一。要想设计出令消费者更满意的文创产品，一方面，设计师必须通过与消费者沟通，进行市场调查，反馈消费者的信息；另一方面，设计师本身也是消费者，他们应从消费者的心理角度引导设计思维，达到设计师与消费者在心理上的统一。

四、色彩在包装设计中的心理效应

色彩的感受通常可以通过心理来判断。色彩作为视觉传达的重要因素，总是通过两个方面在不知不觉中左右着人们的情绪和行为。一方面是人的大脑在色光直接刺激下的直觉反应，如明度高的色彩，刺眼、使人心慌；红色夺目、鲜艳，使人兴奋。这是一种直觉性的反应，属于直接性心理效应。当直接性心理效应相当强烈时，会唤起直觉中更为强烈、复杂的心理感受，如饱和的红色，令人产生兴奋、闷热的心理情绪，甚至联想到战争、伤痛、革命等，这种因前种效应而联想到的更强烈、更深层意义的效应属第二个方面，即色彩的间接性心理效应。然而，人的心理状态和对色彩的感知会因各自的生活经历和文化背景发生变化。即使同一个人，在不同的情绪、环境下，对色彩的反应也是不同的，所以，对色彩的理解和体验只凭单纯的直觉是完全不够的，它需要融入各方面知识的积累和人生的体验，从中获得属于自己的感觉。

1. 色彩的直接心理效应

人们在观看色彩时，由于受到色彩的不同色性和色调的视觉刺激，在思维方面会产生对生活经验和环境事物的不同反应，这种反应是下意识的直觉反应，明显带有直接性心理效应的特征。

在设计包装时根据文创产品的特性、档次，决定色彩是华丽还是朴素。古老传统的商品，需要表现一种乡土味或质朴感，可以运用较稳重的灰色或淡雅的色彩来体现一种纯朴、素雅的感觉和悠久的历史感。

2. 色彩的间接心理效应

（1）色彩的通感。色彩是通过眼、脑和我们生活经验所产生的一种对光的视觉效应。与视觉密切相关，同时与人的其他感官知觉也密不可分。人的感觉器官是相互联系、相互作用的整体，视觉感官受到刺激后会诱发听觉、味觉、嗅觉、触觉等感觉系统的反应，这种伴随性感觉在心理学上称为"通感"。

①视觉与听觉的关联。"绘画是无声的诗，音乐是有声的画"。视觉的享受可以使人联想到流淌的音乐，听觉可以使人联想到斑斓的色彩，甚至一幅幅优美的画面，色彩与音乐相辅、相生、共通。"听音有色、看色有音"，是对视觉与听觉的最好描述。

②视觉与味觉、嗅觉的关联。色彩的味觉与人们的生活经验、记忆有关，看到青苹

果，就能想象出酸甜的味觉；看到红辣椒，就能想象出辣的味觉；看到黄澄澄的面包，就能想象出香甜的味觉，所以色彩虽不能代表味觉，但各种不同的颜色能引发人的味觉。色彩可以促进人的食欲，"色、香、味俱全"贴切地描述了视觉与味觉、嗅觉的关系。色彩味觉和嗅觉的使用在食品包装上较普遍。比如，食品店多用暖色光，尤其是橙色系来营造温馨、香浓、可口、甜美的气氛，因为明亮的暖色系最容易引起食欲，也能使食物看上去更加新鲜。再比如，松软食品的包装会采用柔软感的奶黄色、淡黄色等。巧克力的包装采用熟褐、赭石等较硬的色，以体现巧克力优良的品质。酸的食品或者芥末通常采用绿色和冷色系的搭配。

（2）色彩的象征性。人类对色彩的反应与生俱来。在人类的文明之初，就已经懂得借用色彩来表达一些象征性的意义。色彩的象征性源于人们对色彩的认知和运用，是历史文化的积淀，是约定俗成的文化现象，也是人们共同遵循的色彩尺度，具有标志和传播的双重作用，通过国家、地域、民族、历史、风俗、文化等因素体现出来的。不同国家、民族，对色彩具有不同的偏爱，并赋予各种色彩特定的象征意义。

色彩与商品间的关系是复杂的，色彩可以表明商品特点，同时还可以引起对商品的其他想象。例如，紫色代表葡萄、红色代表苹果、橙色代表橘子、绿色代表猕猴桃、蓝色代表蓝莓、黄色代表黄桃，这是直接表现文创产品属性的色彩运用。在不同的文化体系下，色彩所表达的意义可能完全不同。所以，在文创产品包装的色彩设计中需要传递某种象征意义时，一定要认真研究色彩的潜在语意，了解色彩的精神象征，进一步促进商品的销售。

（3）色彩的嗜好。色彩能引发人们的遐想，能给人带来丰富的联想和回忆，使人产生喜、怒、哀、乐的情绪，因此，绝大多数的消费者对某种色彩有特别的喜好，且随意性强，经常会因个性、时代、社会形态、流行元素、周围环境、教育形式、突发事件等差异而改变。

第二节　文创产品包装中图形的选择方法

一、图形设计

不同的文化对于一张相同图片的感知是不同的，图像不像色彩有许多既定标准可以参考，故同一张图片所代表的意义也就会因人而异。

当有效地将图像应用于包装设计时（不论插图与摄影），则会产生令人难忘的视觉印象。在文创产品包装设计中，图形的表现是不可缺少的部分，图形语言具有直观性、丰富性和生动性特征，是对于商品信息较为直接的表现方法，它形象单纯、便于记忆，比文字语言的传达更为直接、明晰，且不受语言障碍的影响，具有无国界性特征。图形语言可以通过视觉上的吸引力，突破语言、文化、地域等方面的限制，虽然图形的注意力仅占人视觉的 20% 左右，但随着消费者与商品之间可视距离的缩短，图形吸引视觉的作用会陡然上升，合理有趣、逼真诱人的图形设计激发消费者进一步阅读的兴趣，直接引发消费者的购买欲望，所以，图形设计主导着包装的成功与失败。

插图、摄像、图示、符号与人物等元素可组合成众多不同的风格设计，因此也创造丰富的视觉语言并提供视觉刺激。图像可以是很简洁的，像是提供概念的迅速认知，也可能是很复杂或潜意识的，使消费者必须多花时间思考以完全理解其中的含义。仔细考虑不同于视觉观看的感官体验，如味道、香味、口味等，都可以成为包装设计的视觉表现。

传达品牌特征与特定文创产品属性的图像，则必须依据其直接性与合适性。食品包装设计所表现的食欲、生活形式的含义、情绪的联想及文创产品使用说明，皆是图像阐释包装设计的形式。专注于客户所勾勒出策略目标的广泛创意探索，则会缩小其适当且可以支持理念的图像选择范围，描述性强的营销则要可以为客户期望创造视觉性的蓝图。

二、文创产品包装中图形的选择方法

1. 联想

文创产品包装设计是一个有目的性的视觉创造计划和审美创造活动，是科学、经济和艺术有机统一的创造性活动，其造型结构、图、文、色要反映出商品的特性。联想选用法紧紧围绕文创产品，选用与文创产品功能、文创产品品牌、产地以及地域的历史文化相关的图形，在包装上直接表现文创产品、销售环境及其相关形象，给消费者以直接的视觉冲击和充分的想象空间，具有说服力。

2. 移位

移位的方法不考虑文创产品与包装的直接关联性，重点突出其品牌形象，构图和色彩不同于常规模式，讲究出奇出新，这类包装设计建立在消费者对文创产品品牌的了解和信任的基础上，对文创产品的特质有充分的认识，文创产品包装设计简洁，品位高，有提升文创产品档次和身份的功能。选用移位方法的文创产品通常拥有完善、成功的企业形象系统，品牌成熟，拥有比较固定的消费群体。

3. 抽象

有些文创产品无法用具体的图形、图像来描绘，设计师需要融合文创产品的形象、色彩、功能，借助抽象的图形设计来展示文创产品形象，注重形式美的表现，同时不失现代感。电子信息类文创产品、家电类文创产品和一些液态非食用文创产品经常会采用这种方法。

4. 童趣

儿童商品对包装的艺术气氛的渲染有特定的要求，在色彩和图形上应该满足孩子的心理需求。可爱的涂鸦、优美的动画、卡通图形给小朋友们极大的乐趣和可参与性，同时还可以融入科学、人文知识，使包装具有教育的作用，这样的包装一定会受到家长和孩子的欢迎。

第三节　文创产品包装中文字设计原则

一、文字的识别性

文字虽然在视觉顺序上排在色彩和图形之后，但是文字的阅读一旦开始，就会在消费者和商品之间建立起一条信息通道，为消费者打开了解商品之门，从而左右消费者的购买选择，因此，文字内容的易读、易认、易记就显得至关重要了，尤其是针对老年人和儿童设计的文创产品。在满足文字基本功能的前提下，可以对字体进行适宜的美化，但切忌主次不分。主题文字应该安排在最佳视觉区域，字体放大；说明性文字的位置、大小、色彩、形状都应小于、弱于主题文字；字体的设计、选择、运用与搭配要从整体出发，有对比、有和谐，使消费者的视线能沿着一条自然、合理、通畅的流程进行阅读，达到最有效的视觉效果。

二、文字与商品的统一性

文字与商品的统一就是人们常说的形式与内容的统一，字体是形式，内容是商品。商品的品牌、使用人群、包装容器的造型、色彩的不同，使不同的商品具有各自的性格特征。为了加强视觉形象的表现力，包装中的字体设计应该凸显商品的个性特征。现代字体的类型越来越多，而且表情各异，能表现商品不同的视觉感受和性格特征，从而满足商品属性的需求。

现代商品对消费者进行了较为详细的划分，有专门针对不同性别的，有专门针对老人和孩子的。文字能传递这些特殊的信息，较细的曲线形字体适合表现女性商品；简洁、粗犷的直线形字体适合表现男性商品；具有童趣特征的夸张、卡通的字体适合表现儿童类商品；稳重、儒雅的字体适合表现老年商品。不同类别的商品也需用不同性格的字体传递文创产品的特点，如食品包装可以选用柔润的字体、工具包装可以选用硬度感较强的字体。

三、文字间的协调性

在同一个包装中，通常会有多种内容需要用文字去表达，因此，不同形式和风格的字体会同时出现在一个包装画面上，如果不做好统一与协调的工作，会显得杂乱无章。汉字字体选用不宜过多，控制在三种以内为好，风格要有机统一，每种字体在数量上有变化，字体的大小拉开适当的距离，形成对比，层次分明，突出重点。排列具有条理性，做到无论什么内容都阅读有序，具有强烈的整体感。

汉字与外文配合应用时，应注意找出两种文字字体间的对应关系，如宋体与罗马体、黑体与无饰线体，以求得统一感；字体大小不能只看字号，应根据实际视觉效果进行调整。

四、品牌文字的创新性

同类商品的竞争是激烈的，在众多品牌中脱颖而出引起消费者的关注是至关重要的。品牌名称是重要的文字信息，有创新思维的文字设计是达到这一目的的有力手段，通过图形化可以使包装的品牌文字具有独特、鲜明的个性和较强的视觉冲击力，增加消费者的阅读兴趣，加快被识别的速度，并容易形成记忆，但是，识别性低的字体设计会造成阅读障碍，影响销售，因此要尽量避免。

第四节　文创产品包装中设计元素的编排

图形、文字、色彩等设计要素，经过不同的版面编排设计，可以产生完全不同的风格特点，依据设计主题的要求，三要素共同作用于整体形象。包装设计中的编排设计需要遵循一定的原则，掌握一定的方法。

一、整体性原则

编排的目的是处理好包装容器表面各个要素之间的主次关系和秩序，使其具有整体性。包装设计的形式美感建立在这一基础上，同时也是编排的基本任务。

在单个包装的编排设计中，首先要考虑主次关系和秩序的协调。主展示面是表现主体形象的地方，可以包含品牌名称、标准图形、宣传语，说明性文字安排在其他展示面上。主展示面除了突出主体形象外，还需考虑主次各面中设计要素之间的对比，如果主展示面上的信息、图形需要在次展示面上重复出现，那么均不可大于主展示面上的形象，以免破坏整体的统一。秩序是对各设计要素所占位置的协调，使之产生有机的联系，从而更好地体现主次设计的一体化，产生统一的形式美感。

系列包装的整体性体现在包装个体之间的关联上。虽然同一个系列的包装设计中，设计区域和材料不同，但设计师应主动寻找各设计元素之间的排列特点和表现手法，找出需要突出的共性信息，进行统一表现，形成关联。在不破坏单体造型自身完整性的前提下，系列商品的设计相互间形成整体、一致的效果。

例如，系列设计中色彩的纯度或明度不变，色相改变；品牌文字和品牌图形位置不变，大小、色彩不变，装饰图形的位置和大小不变、内容改变；字体的选用风格一致；排列秩序、样式装饰手法不变；这样通过局部形象的变化，形成具有强烈关联的、统一又变化的、规范化的包装设计形式，提高商品形象的视觉冲击力和记忆力，强化视觉识别效果。

包装整体性也可以通过图形的连贯产生，主次各面或部分面的图形是连续的，也叫跨面设计，几个单体的包装在商品陈列中并置展示时，能扩大展示的宣传力度，增加视觉冲击力，产生意想不到的效果，同时具有很强的整体性。当然，跨面设计不仅要考虑多个面的组合效果，而且要考虑每个立面的相对独立性。

二、差异性原则

差异性原则通过改变造型和对设计元素的编排突破来完成。包装本身独特的造型给包装设计的差异性提供了土壤，造型的改变赋予包装与众不同的编排区域，如不规则的立面、阅读元素的跨面等形成别致、具有个性构成风格的样式。设计元素的编排突破，通常需要广泛的素材积累，对民间的、民族的、传统的、时尚的等各种设计风格兼容并蓄、融会贯通，做到综合、创新地利用，与同类文创产品形成一定的差异。

三、有序性原则

有序性原则是指编排对消费者的阅读能起到引导作用，给消费者提供合理的阅读次序。包装设计中各设计元素的面积、色彩对比度不能完全一样，品牌字体、广告文字、说明文字应有大小、形状等方面的区别，根据实际需求进行区别化的处理，才能符合"大统一，小对比"的基本要求，因为消费者总是从醒目的图形和较大的文字开始阅读，形成先大后小，先醒目后一般，从上到下、从左到右的视觉流程，例如，大小、面积、色彩、形状以及内容的区别使用，使包装设计的有序性得以完美体现。

第十章 传统文化元素在文创产品包装设计方案中的技巧应用

随着我国在文化创意领域飞速发展，需要从文创产品包装设计环节进行优化，改变以往单一化的设计思路，融入创新思维，将传统文化元素和文创产品包装设计紧密结合起来。因此，本章重点对传统文化元素在文创产品包装设计方案中的技巧与实践应用等内容进行研究。

第一节 文创产品开发驱动力

泱泱中华拥有五千年绵延不绝的深厚历史文化积淀，无数的艺术瑰宝传承于世。中华文化蕴含着中华民族最深沉的精神追求，是设计师取之不尽的创作源泉。

一、区域性文化驱动力

区域性文化是由于地理环境和自然条件不同，导致历史文化背景差异，从而形成了明显与地理位置有关的文化特征，这种文化就是区域文化。每一个区域在长期的发展中都有自己的特色文化，发展创新地域独特的历史文化是区域文化独特基因的延续，也是地方文化效应发展的根基。特定区域、行为、语言、习俗等方面民俗共同构成了区域性文化，这些都可以成为文创产品开发的驱动力。

二、经典文化符号驱动力

中国传统文化是反映民族特质和风貌的民族文化，是各个时代思想、观念的总体表征。它由世代居住在中华大地上的人们所创造，并被后代继承发展，是独具民族特色的、博大精深的、绵延不绝的优良传统文化，是各种民族文明、风俗、精神的总称。而中国传统文化经典符号，是浩瀚如海的传统文化的标志，是璀璨文化的代表，诸如书法、京剧脸谱、国画、篆刻印章、陶瓷、漆艺、秦砖汉瓦，等等，不胜枚举。作为中国的设计师，背后有五千多年的历史文化支持，这些都是文创产品设计与开发取之不尽的宝藏与源泉。用富有时代特征的设计重新审视和解读传统文化更是对中华民族精神的传承。

三、非物质文化遗产驱动力

非物质文化遗产是指被一定群体或个人不断传承的各种传统手工艺、民俗、文化表演、知识体系，也包括相关的物质和文化场所。

非物质文化遗产的传承人为适应他们所处的环境，与自然和历史进行互动，不断使这种代代相传的非物质文化遗产得到创新，同时也为其自身建立了一种历史认同感，并由此促进了文化的多样性和人类的创造力。有关文件指出，非物质文化遗产应当涵盖五个方面的项目：①口头传统和表现形式，包括作为非物质文化遗产媒介的语言；②表演艺术；③社会实践、仪式、节庆活动；④有关自然界和宇宙的知识和实践；⑤传统的手工艺。

在非物质文化遗产中，传统手工艺对于文创产品设计开发的影响最大，染织、烧造、木作、铸锻、编结、髹饰、民间雕塑等都属于传统手工艺范畴。这些利用不同原料、工艺创造出的各类手工艺品都是文创产品设计开发的肥沃土壤。

第二节　传统再设计方式

当今，传统文化正以潜移默化的方式对中国现代设计的发展起着作用。以中国画为例，中国画悠久的历史蕴含着人生观、哲学观、宇宙观，无论工笔画还是写意画，都代代有精品，但这些传世之作由于其巨大的艺术与历史价值，往往只能深藏于博物馆，与人们隔着玻璃窗，很难真正走进大众的生活。而植根传统的文创设计为这些文化瑰宝走进大众生活提供了可能。

一、传统与现代的嫁接

传统与现代的嫁接是指将传统文化中的经典元素直接与现代文创产品相结合，一般只起到装饰的作用。

中国的现代设计可以汲取传统文化的精华，恰当地将传统民族文化元素融入创新设计中，与传统文化建立紧密的联系。民族特色创新性的设计体现在视觉效果的独特与需求的个性化上。不同的民族有着不一样的语言、审美与思维模式，所以民族特色也是推陈出新的设计思想源泉。

如何理解传统文化，并巧妙地将传统文化应用到现代设计中，是现代设计者要思考的问题。设计者应该找到传统文化与自身设计的内在关联，不断探索，建立自己独具特色的设计观点与思维方式，在思考与设计实践中积累丰富的设计经验。

1. 传统装饰图案

在我国古代艺术文化宝库中，二维形态的艺术丰富多彩，璀璨夺目。它既代表着中华民族的悠久历史与社会的发展进步，也是世界文化艺术宝库中的巨大财富。五六千年以前，我们祖先创造彩陶文化，其后的青铜器、陶瓷、绘画、丝绸、漆器、金银错、玉雕、牙雕、砖石雕刻、刺绣、编织、蜡染，等等，每个门类都创造了不朽的艺术篇章。从那些变幻无穷的绘画、装饰图案纹样里，可以看出各个时代的艺术审美与工艺技术水平，以及其演变发展的脉络。许多传统图案经久不衰，仍保持着旺盛的生命力，所以，我们在进行设计时，不可忽视中国传统图案的艺术价值，在文创产品设计中可以将现代设计方法应用到实际设计装饰中。

2. 传统造型艺术

传统造型艺术包括一切三维形态的传统艺术遗存，如传统雕塑、陶瓷造型、青铜器造型、传统家具造型、建筑造型、漆器造型以及工艺品造型等。

传统艺术造型元素作为构成中国文化的重要组成部分，历经历史不同阶段的更迭发展，始终保持着稳定的传承性。这些传统艺术造型元素是文创产品设计研发的重要参考因素，恰当准确地运用可以达到中国传统文化形、神、意的传承与发展。

（1）传统造型元素中"形"的传承与衍生。纵观社会的发展，从原始社会的图形与符号到奴隶社会的文字、图案与造型，再到封建社会造型艺术门类的细化，总有一些造型或符号恒定不变，而它们的具体造型在继承前代的基础上，会随着时代的发展而有所变化。不同时期的造型反映着所处时代与地域的工艺技术、材料发展、社会风尚，往往具有鲜明的时代特色和地域特色。例如，传统陶瓷中的碗就有鸡心碗、窝式碗、罗汉碗、仰钟碗、折边碗、斗笠碗、正德碗等，这些在代代传承中不断演变而来的造型，拥有着各自独特的魅力。正是由于其造型的优美才得到不同时代人们的喜爱。

（2）传统造型元素中"意"的传承与发展。一个可以历经数代延绵不断的图形或符号，不仅仅是因为其造型的优美，更是在于图形符号所蕴藏的深层次的文化内涵。与文化内涵相比，图形符号只是这些内在象征意义的精神外化表现。由于人们对美好生活的向往和期盼，进而衍生出诸如富贵康乐、事事如意、马上封侯等吉祥象征意义，也正是由于人们对这种意义的向往与追求，才使这些符号得以代代相传。

如某通信公司的标志，是由一种回环贯通的中国古代吉祥图形"盘长"纹样演变而来。迂回往复的线条象征着现代通信网络，寓意着信息化社会中该公司的通信事业并然有序而又迅达畅通，同时也象征着该公司的事业无以穷尽、日久天长。又如2008年北京奥运会的标志，整个标志造型运用了中国特有的写意手法，抓住了中国结的典型形态特征，巧妙地将中国结与运动员两个意象相结合，而不是对传统造型的直接照搬，不仅体现了中国特有的文化，而且具有奥运会标志的国际风格。

（3）传统造型元素中文化精神的传承。"以整体为美"是中国古代艺术家追求的核心，中国传统的哲学观将天、地、人视为一体，借物抒情、以形写神、形神兼备是中国艺术的最高境界。纵观历史，虽然时代在发展，风尚在改变，但是那些优秀的具有中国特色的艺术的内涵与精神是不变的，因为它是中华民族所特有的，也是民族形式的灵魂之所在。

要使中国艺术之精神在现代设计当中得以创新发展，我们应该将设计建立在造型、寓意的基础上。造型的借鉴绝不是简单的照抄照搬，而应该是对传统造型的再设计与再创造。设计师可以运用现代的设计方法对传统造型中的一些元素加以改造并运用，使其符合时代的风尚；或者通过传统造型结合现代装饰语言来表达创新设计理念。只有在深刻领悟传统的艺术精神、充分认识现代西方设计理念的基础上，兼收并蓄、融会贯通，才能找到传统与现代的契合点，创造真正富有本民族精神的具有时代意义的现代设计。

对于传统造型的文化精神的表达，典型例子就是苏州博物馆。苏州博物馆的设计师探索了中国传统的园林思想在现代设计中的新方向，展现了中国传统哲学中的人与自然和谐相处之道。经过重新诠释，设计师以现代的几何的形式演绎苏州传统的坡顶景观，使整个建筑既具有中国神韵，又具有现代之感。独创的片石假山，以墙壁为纸，以片石为画，形成别具一格的山水景观，体现了中国绘画中倡导的"以形写神"的艺术哲学观念。

3. 传统民间工艺

中国传统民间工艺是大众生活、民俗风情的艺术体现，是中国民俗文化的艺术瑰宝。中国民间工艺非常丰富，如剪纸、年画、刺绣、木雕、玉雕、砖雕、石雕、风筝、竹编、皮影、印染、内画、铜艺、面塑、木偶、绒花，等等。这些传统民间工艺大都属于非物质文化遗产的范畴，通过近些年国家对非物质文化遗产的扶植，慢慢开始被大众所关注和接受，关于民间工艺的文创产品也不断涌现。

二、提炼文化内核的设计

1. 极简设计

极简主义是生活及艺术的一种风格，本意在于极力追求简约，并且拒绝违反这一形态的任何事物。极简主义风格并不是现今所称的简约主义，它是 20 世纪 60 年代所兴起的一个艺术派系。极简主义作品以最原初的表现方式展示于观者面前，试图消除作品对观者思想的影响，开放作品自身的意象空间，让观者成为对作品建构的参与者。将设计中的元素、色彩、材料做到最简化，并不意味着简单、粗糙，而是对造型、色彩、材料的更高要求。因此，极简设计通常会采用非常含蓄的方式来表现，从而达到以少胜多、以简胜繁的效果。

（1）造型抽象衍生。造型抽象衍生是在三维空间中用极简的设计方式表现具象的内容。这一内容可以是平面形态，也可以为空间形态。

（2）装饰简化设计。装饰简化设计是将原本复杂或具有立体空间感的事物运用简约化的装饰手法予以表现。此种表现方法与中国画中的写意手法有异曲同工之感，不追求装饰的写实与繁复，而倾向于意蕴的表达。此种装饰方法要求器物造型简约精致，器物外部轮廓往往线条简约流畅，这样才能达到作品整体的简约之美。另外，在材料上往往要有丰富的质感之美，在色彩方面也要注意简化、和谐，应避免色彩过于艳丽，对比过于强烈。

2. 萌宠化设计

萌宠化设计是运用巧妙的拟人设计、情感设计将产品形象萌化、可爱化，吸引消费者眼球，增加心理好感，运用注入情景、情感的方式走进消费者心里，从而实现刺激购买欲望的设计产品。

"可爱"这个元素在各个年龄段都很受欢迎，尤其受年轻一代消费者的推崇。在具体设计中，形象应多用圆形或椭圆形，注入情感与情境，可以围绕"成长""多样性"等关键词进行尝试；再以宠物的真实形象类别作为分类，确保每一个宠物的形象都有鲜明的特征，减少多余的细节，抓住主要特征作抽象化设计。

3. 象征化设计

象征化设计的主要目的之一是意义的传达。对意义的探寻与解读是人类的本性需求，更是人们对于美好事物与生活的愿景。意义的形成与人和社会、自然、他人、自己的复杂关系有关，是文化、历史、心理的反映。受历史文化的影响，吉祥符号很容易被大众接受与解读，可将这些符号运用现代设计的方法结合新材料、新工艺、新功能进行创新设计，进而得到适用于现代生活的产品。

值得注意的是，在大众对艺术设计作品的阅读过程中，无论作者是否运用了象征手法、作品是否包含象征意义，读者都会站在自己的角度理解其含义，用象征的解读方法参与建构作品。读者的解读会产生不同的结果，甚至形成正、负两种截然不同的解读。

负面的象征解读会对作品产生不利影响。此类问题大多因为设计者对象征化符号解读能力的匮乏，对引申含义缺乏足够的重视。正面的象征解读有助于丰富作品的内涵，增加人们的体验与乐趣。如 2004 年雅典奥运会标志，橄榄枝的花环被人们象征化地解释为希腊、奥运、和平与胜利。

4. 想象拓展设计

想象拓展设计就是创意设计，由创意与设计两部分构成，通过设计的方式将富于创造性的思想、理念加以呈现和延伸。

如果设计师掌握了一定的创作方法和技巧，在设计之前做足准备工作，在创意时就不会感到头疼。充分的准备工作无疑将有利于激发设计师的思想火花和创作灵感。

（1）借鉴创意法。借鉴创意法较适用于有细节要求、时间期限短的项目。借鉴创意法可以从我们身边的一切事物入手，如优美的风景、传统文化、经典艺术作品，以及优秀的设计案例，都蕴藏着无尽的灵感。相信大部分人都有网络购物的习惯，在购物的同时，其实就可以积累大量时下流行的视觉元素，无形中也丰富了我们的视野。借鉴、积累各种元素的关键是要有一颗不断学习的心。此外，设计源于生活，深刻地体会生活会在创作时更贴近实际。可以吸取日常工作、生活中的所见所闻，从其中的一个点拓宽创意思路，结合设计要求给出优质的创意设计。

（2）情景（情感）映射创意法。情景（情感）映射创意法适用于对情感有一定诉求的项目，要求对一个设计想法进行深度研究发掘。生活中，每个人都有着不同的背景，成长环境、阅历、性格、想法与思维方式各不相同，因此，当设计师面对同一件事物时，会有不同的情感反映和思考角度，进而就有不同的创意想法与不同的视觉风格。

情景映射创意法能够将概念化的、抽象化的东西丰富化、立体化。一个停留在概念阶段的想法从简单具象到抽象，经过不断推敲演变，直至达到理想中的效果为止。比如，在想到夏天的时候，脑海里会出现不同的元素，炎热而繁盛，绿色、荷花、大雨、蝉、西瓜、海边、游泳、太阳镜等，这些是由具象的夏天提炼出的相关元素，并在此基础上进入夏天渴望清爽的心理诉求的高级抽象阶段。由此，设计师可以充分发挥想象力，运用现代设计的方法融合主题，创造出富有感染力的创意作品。

5. 色彩提炼设计

对元素色彩进行分解、概括、提炼，组成平面而单纯的色谱，将提炼的色彩运用于相关行业的产品设计之中，可以得到和谐且优美的色彩效果。在色彩提炼设计中，绘画、传统服饰、刺绣、剪纸、皮影、漆画等都有各自独特的色彩体系，提炼其中的色彩可以达到迅速体现传统元素特征的作用，并且会使作品更易被接受。

第三节　传统文化元素在文创产品包装设计中的应用

一、文创产品包装设计中传统文化元素应用价值及现状

1. 文创产品包装设计中传统文化元素应用价值

设计人员将传统文化元素融入文创产品包装设计中去，能有效提升包装设计的质量，优化设计的形式，保障文创产品包装设计质量。文创产品包装设计活动开展中，将传统文化元素与之紧密结合起来，积极优化创新，才能最大限度地提升传统文化元素应用质量。文创产品包装设计质量受到诸多因素影响，设计元素是比较关键的影响因素，如果设计人员没有准确发挥设计元素应用作用，必然会造成设计的质量无法达到预期。

将传统文化元素和文创产品包装设计相结合，有助于展现传统文化，也是文化自信的表现。文化自信是对传统文化以及思想的认同，这一认同有助于让国人形成同样的价值观，实现人精神的合力。传统文化元素类型丰富，每种传统文化元素中都融合着传统文化的精髓，在和文创产品包装设计结合下，能够引发人们产生文化认同感，也能有助于增强文化自信心。

文创产品包装设计是丰富产品文化内涵的重要设计形式，设计人员在实践设计中就要

采取创新的方式，将传统文化元素与之紧密结合起来，引起消费者精神共鸣。传统文化元素在文创产品设计方面，由于有天人合一以及大道至简的意蕴，能引起人们共鸣，有助于人们认识自我以及认识世界。

文创产品包装设计质量要想提升，必然要从设计环节加强质量控制，将传统文化元素与之紧密结合起来，采用创新的表达形式设计，有助于达到优化设计的目标。运用传统文化元素有助于丰富文创产品包装设计的附加值，产品功能外的作用就是附加值，有产品对人精神的慰藉。如写意水墨画，能给人精神愉悦以及身心空灵，通过这一艺术享受能够体现文创产品附加值，有助于提升文创产品包装设计的价值。

2. 文创产品包装设计中传统文化元素应用现状

现阶段，我国的文创产品包装设计应用传统文化元素还存在着诸多问题，没有真正和文创产品的特色紧密结合，存在着传统文化元素应用随意的现象。中国传统文化在现代化发展时代，已经被很多人所遗忘，传统文化元素在现代化的发展中面临着诸多生存挑战。新媒体不断涌现的今天，传统文化开始失去传播媒介。时代发展中有"工匠精神"以及文创政策作为支持，传统文化在国家政策的支持下，有了发展的根据和动力，这对传统文化传统呈现工匠能人打下了基础。各领域发展中对传统文化元素应用的动力也开始调动了起来，为能在实践发展中进行优化，将传统文化元素和文创产品包装设计相结合成为发展的新方向。而实际发展中存在着诸多问题，如设计人员对传统文化元素应用意识不强，没有真正将传统文化元素作为文创产品包装设计促进升级元素看待，使得在具体包装设计方面无法提升质量。

二、文创产品包装设计中传统文化元素应用策略

1. 包装设计和传统文化连接

保障文创产品包装设计质量，需要在实践设计中采取创新理念，传统文化元素和文创产品包装设计相结合有着连接的可行性。体现在传统文化理解方面，传统文化内涵有鲜明的特征，传统文化内涵主要是民族精神，是国人价值观、审美情趣等集合的反映。传统文化物化形态也是比较重要的，时代变迁、历史积淀发展、民族精神取向下的生活规范以及行为要成为精神内涵以及文化重要载体，这些都是丰富传统文化主体的内容。传统文化的内涵体现在民族文化特质方面，特定独立区域生活环境和经济方式等关系比较紧密，传统文化基本内核是围绕儒道等经典理论衍生的自强不息以及和谐等，兼容并蓄，融合的文化，这是传统文化的重要内涵。文创产品包装设计过程中，设计人员通过把对传统文化的

理解和传统文化元素紧密联系起来，有助于起到优化设计的作用。

将包装设计和传统文化进行有机联系，传统文化元素成为现代设计基础，涉及到民族和传统性，都能和传统文化相联系，如现代包装设计强调吉祥寓意、大气稳重、和谐统一等，这些也都是传统文化的重要内涵。从传统文化元素内涵方面联系现代包装设计，从而有助于优化设计的效果。包装设计作为传统文化现代化发展的重要缩影，通过文创产品包装设计，对传统文化元素进行科学运用，最大限度地提升产品包装设计创新质量，展现现代化的艺术形式，丰富包装设计内涵。

2. 创意元素与传统文化元素顺应

国际化趋势经济全球化带来了文化的全球融合，而设计在其中起到了重要的推动作用。如果说20世纪末到21世纪初的设计使得代表现代性的文化符号覆盖全球，近年来的设计思路则愈发趋向设计中彰显本土特征，开发文化遗产。

艺术设计开始强调文化传承、创造能力、民族个性在设计中的重要地位。

由东方人特有的文化背景所形成的特殊审美情趣，使现代设计从根本上离不开中国传统文化元素的滋养，我们的现代设计也呈现出与中国传统文化良好交融的态势。传统+创新。设计向来站在时代前沿，重视创新。作为艺术与技术的结合，设计不仅在艺术追求上要求创意创新、理念创新，而且追求与新技术、新材料、新生产方式和新的设计模式进一步深化关系。

现代设计的发展是双向的。一方面，设计日益国际化，人们力图使设计语言成为一种跨越民族、国界的世界语；另一方面，为了在国际中保持自己的个性，每个国家的设计师都在寻找着自己民族的创作源泉。所以，这也为我们发展本民族设计提供了可能性，为民族元素的发展提供了一个大舞台，进行多种探索，找到民族图形与世界沟通的交点。

例如：2008年北京奥运会的开幕式正是中国传统元素与世界沟通创意的杰作。29个巨大的脚印，沿着北京的中轴线，从永定门、前门、天安门、故宫、鼓楼一步步走向鸟巢。焰火组成的脚印，代表了中国古代四大发明之一——火药。因为火药的发明，推进了世界文明的发展。从始至终的中国画卷设计，不仅表现了同样是中国四大发明的纸，而且展现中国的文房四宝——笔、墨、纸、砚。水墨在画卷中渲染舞动着，给世界观众带来了柔美的中国艺术享受。丝绸之路、郑和下西洋跃然纸上，既讲述了中国的历史，又展现了与世界交流是中国人民从古至今的心愿。

例如：传统与现代的融合在2022年北京冬奥会的开幕式上体现得淋漓尽致。从黄河之水天上来到迎客松绽放鸟巢，从敞开"中国门""中国窗"到主火炬"微火"，成为奥运史上的经典瞬间，体现了中国与世界同行、传统与现代激荡、科技与文化融合。开幕式的整个过程中，"中国风"贯穿始终，"中国味"融入细节，既让中国传统文化实现了现代表达，又用中国元素刷新了奥林匹克的审美，向全世界展现了中国文化的独特魅力。

伴随着中国的逐渐强大，以中国元素为符号表现中西文化融合或西方文化精神的国际品牌的创意会越来越多。在强调文化自信的今天，如何在世界格局内树立中国设计大国形象，弘扬中国文化，是我们每一个中国设计师的责任。以积极、健康的中国元素形象地传达悠久的中华文明，向世界展示真正的中国，才是中国传统文化未来得以长久发展的关键。

3. 文创产品包装设计的传统文化元素应用

文创产品包装设计中将传统文化元素与之紧密结合，这对优化文创产品包装设计的过程能发挥积极作用，从以下应用要点方面加强重视。

（1）传统漆艺文化元素应用。文创产品包装设计质量有效控制，必然需要采取创新的方式，保障各项设计活动有效推进。传统漆艺文化元素与文创产品包装设计紧密结合起来，是把传统文化和现代化设计进行的结合，能大大提升文创产品包装设计效果。传统漆艺有几千年的发展历史，被称为"东方的神秘"，传统漆艺无公害、无污染，和当前生态化理念相契合，也是传统漆艺文化元素融入文创产品包装设计的重要考量点。漆艺可用在陶瓷以及金属和木器等器材上，展现文创产品的独特艺术魅力，将传统漆艺文化的特色和文创产品的品质属性以及文化理念进行有机融合，增加典雅感。漆艺文化元素和文创产品包装进行结合，也能为设计带来创新思路，有助于优化包装设计的表现形式以及丰富内涵。

（2）吉祥纹路传统文化元素应用。文创产品包装设计中应用传统文化元素在当前并不是新鲜事物，重点在于如何进行融合才能达到良好的设计效果。吉祥纹路是传统文化元素的重要组成部分，纹样的类型丰富，用处也较多，这对文创产品包装设计也能带来无限的启发。结合文创产品的类型以及性质不同，设计元素应用形式也存在诸多差异，在现代产品包装时代理念的基础上，将传统吉祥纹样与文创产品包装进行有机结合，从而提高设计的质量。传统文化中用于皇家服饰设计和壁画艺术设计的纹样复杂多样，色彩分明，线条设计也比较独特。文化形象中的龙凤以及祥云和仙鹤等都是比较重要的内容，在时间的转移发展下，纹样在民间的节庆以及祭祀相应活动中也在演变。纹路样式有着显示身份地位的作用。传统的迹象纹样有着迹象的寓意，将其在文创产品包装设计中合理选择应用，有助于增强包装设计的文化效果。在一些婚庆喜庆节日的饰品纹样设计中，八宝样式以及祥云样式等都是比较常用的，能达到良好的设计效果。

（3）水彩画传统文化元素应用。文创产品的包装设计中，将水彩画这一传统文化元素与之相结合，能达到意想不到的设计效果。意象水彩画是写意传统美术，其中有鸟兽以及人物等相应题材，该题材都有着天人合一以及缥缈空灵的特征，体现出不拘一格的人文精神。实际设计中，水彩画融入需要分析文创产品的材质是否适合水彩，以及对产品受众档次和文艺修养等各方面进行考虑。材质只要是适当的，能和受众的审美需求相满足，就会有市场。意象水彩画这一传统文化元素经过长期发展，已经成为中国文化标志性的符号，也被国人所熟悉，通过在文创产品包装设计中应用意象水彩画元素，改变传统的设计方式，有助于达到优化设计的效果。应用过程中材质选择可以考虑葫芦或是屏风相应的配饰，设计中需要和具体的文创产品特征以及文化表达方向相结合，提高传统文化元素应用的适当性。

（4）传统文化元素应用注重打造品牌形象。文创产品包装设计为能达到优化的效果，设计人员不能只从简单的应用传统文化元素方面考量，需要注重突出产品特色鲜明，以及注重打造品牌形象，只有从这一要点方面加强重视，才能保障文创产品设计质量有效控制。完整的文创产品是丰富文化元素的组成，所以设计人员对此要能有更为明确的认识，能够通过将传统文化元素与文创产品包装设计紧密地契合展示给消费者，需要注重品牌特色打造，只有加强重视品牌特色，才能有助于品牌的延续发展。实践中，要注重和传统文化元素相结合，增强品牌辨识度，增强文化产品保护以及知识产权保护，采用传统文化元素有助于品牌传播形成立体化的局面。除此之外，设计人员在传统文化元素应用中注重丰富产品内涵，将文化价值充分体现出来。产品品牌形象宣传中，通过优化的文创产品以及消费者间的文化艺术内涵认识产生共鸣，让消费者能从文化印象方面联系文创产品，才能达到良好的品牌形象宣传效果。

总之，文创产品包装设计过程中，为有效提升包装设计质量，需要设计人员创新设计思维，将传统文化元素与之紧密结合起来，保障各文创产品设计活动高质量开展。通过改变传统文创产品的设计方式，将多样的传统文化元素和文创产品包装设计紧密联系，融为一体，两者在文化的属性以及价值指向上能达成一致，就能有助于提升文创产品包装设计质量效果。通过文创产品设计中传统文化元素应用的探究，在诸多传统文化元素应用方面进行优化，从而有助于实现高质量设计效果。

第十一章　绿色低碳与包装创新设计思考

第一节　设计环节思考

在如今时代发展中，低碳环保、节能减排是各个国家和行业遵循的发展理念，碳达峰、碳中和等频频成为环保界的热门话题，全世界都把目光聚集在解决气候问题上。

一、低碳意识下设计师的思考

包装设计师需要对高碳排放具备危机感和紧迫感。塑料是常见的包装材料之一，近年来，从海洋到陆地、从赤道到两极，都有微塑料被检出。2019年7月，科学家在北极钻取的冰芯中发现塑料微粒，说明废弃塑料已经污染到地球上最偏远的水域。如果设计师不具备环境保护的意识，没有环境恶化的危机感，设计的产品和包装造成污染，即使设计的产品解决了现实问题，长远来看却带来了更多的后患。

设计师需要对绿色低碳设计具备使命感和责任感。尽管很多设计师具备丰富的低碳知识，也有一定的低碳环保意识，但是在面对企业及甲方需求时，难以权衡经济利益、生态利益和社会利益的关系。在绿色低碳发展理念的大前提下，设计师仅仅实现经济利益是远远不够的，更重要的是社会责任感和使命感。

设计师需要对包装生产全流程"排碳"高度敏感。设计师需要着手从包装生产全流程、整个产品生命周期降低碳排放。而设计是整个周期的源头，如果设计师在一开始不具备绿色低碳意识，没有良好的低碳设计思维习惯，考虑不够全面，在生产、销售等很多环节会出现高碳排放，与一开始绿色低碳的初衷相违背，设计的意义和价值也就大打折扣。

二、低碳意识下企业的思考

在环境形势严峻的大背景下，企业实现低碳发展具有重大现实意义，具备低碳意识和坚持低碳发展态度是实现可持续发展的前提，企业应当提高对低碳建设的重视，承担社会责任，在绿色低碳包装创新方面仍需努力。

一方面，企业应该与包装设计师紧密合作，鼓励使用再生材料，同时应该考虑包装在生产流通各个环节出现的问题，因影响低碳目标、影响包装生命周期而进行权衡取舍；另一方面，包装品牌企业对全民绿色低碳消费行为的引导方式还需探索。除了传统的媒体宣传、科普讲解之外，现今人们更愿意从"体验"中获取信息，推出多样化、专业化的低碳包装设计，让消费者在使用的过程中体验到低碳包装带来的新鲜感、仪式感，对低碳生活方式更具认同感、归属感。

例如，某品牌太阳能发电产品包装展示的太阳能照明设施包装。看似普通的盒子，内部的瓦楞纸可以折叠成衣架，盒子本身也可用作衣柜、橱柜或任何储物空间，使产品包装在不增加成本的情况下重复使用，解决了贫困地区人们电力短缺问题的同时，不增加垃圾处理压力和成本，一定程度上改善贫困地区人口的卫生条件，不仅传达出产品清洁和节能的属性，而且强调品牌的人文关怀。

三、低碳意识下政府的思考

政府支持以及企业间的良好合作是实施低碳生产的重要支撑，但宏观层面看，政府在环境保护、节能减排问题上仍存在局限性。

一方面，政府需要投资低碳包装设计项目实施，鼓励企业组织结构升级，突破包装生产技术上的壁垒，实现节能减排和绿色技术创新；另一方面，政府需要健全法律法规的建设。一是推动完善绿色设计、绿色生产、提高资源利用效率、发展循环经济、严格治理污染、提倡绿色消费；二是健全绿色收费价格机制，例如生产环节的污水处理，政府可以对污水产生者建立付费机制，分类计价、分量收费等，有效管控排污；三是完善绿色标准、绿色认证体系，有效监控节能环保、清洁生产、清洁能源的实施。政府应加大对低碳科普的宣传力度。比如学生作为社会中的主要年轻群体、未来的中坚力量，应该是主要宣传对象，而对于高校学生而言，每天接触大量的快递、外卖包装，低碳包装科普更是十分必要的，不但可以传播低碳理念，提高对低碳包装的认识与科学素养，而且可以激发现代人培养低碳消费习惯的热情，让低碳生活方式在未来成为主流。

第二节　包装材料环节思考

就目前市场中的各类包装而言，使用材料依然以塑料、纸质、木质或金属为主。宏观层面上看，主流包装材料在某些方面有明显优势，但是大量使用不可再生、非环保材料设计生产的包装，是造成生态问题的主要原因之一。即使一些行业一直在对包装进行改良设计，例如外卖快餐、快递行业等，以缓解大量包装对环境造成的污染，但由于我国人口基数大，各类包装用量巨大，且改良设计和生产技术有待发展，现阶段低碳包装材料仍存在很多问题值得设计师研究思考。

一、纸质材料

造纸业是一个"高碳耗"行业。造纸工业产量大，用水量多，原料需要用大量碱水浸泡，其产生的废水无法再次利用。工业废水排放至江河中，废水中的有机物质会在水中消耗氧气进行发酵、分解，从而导致鱼类贝类缺氧死亡，并且造纸过程中产生的废气和固体废弃物也是不容小觑的。废水中的树木碎屑、腐草、腐浆沉入水底或堆积在河床上缓慢发酵，会发出臭气并污染土壤。

许多国家回收废纸会用来做再生纸循环利用，制作时需要将其打碎、脱墨、制浆，经过多种工序加工，其生产过程要经过筛选、除尘、过滤、净化等工序，工艺和科技的含量很高，因此，再生纸造价更高，再生产过程也会产生二次碳排放。

在食品包装领域，比如一次性纸杯等，为了具备对水、油等阻隔性能，需要在原纸上淋一层塑料薄膜，目前绝大多数淋膜为聚乙烯，但是聚乙烯淋膜产品存在不可降解、不可再制浆、回收困难等问题，因为对这层膜再加工很困难，需要先剥离这层膜，并且价格不菲，而很多消费者并不了解，所以会投掷进可回收垃圾桶，增加了回收分拣的成本。同样，用作生鲜包装的瓦楞纸、箱，为提高防水防潮防冰冻性能会浸渍蜡，由于蜡的不可回收性，导致蜡质瓦楞纸箱可回收性较差。

二、非纸质材料

1. 金属

用于包装上常见的金属材料有铝、铁、金、银、铬、钛等。金属在常见的包装材料中是回收再生效果最好的，可循环使用，性能不会发生太大改变。金属包装随处可见，大到运输包装用钢桶，小到马口铁饼干盒、铝制易拉罐等。但金属材料存在的主要问题是化学稳定性差，当金属用作食品包装时，易与食品发生反应，易发生重金属迁移；耐蚀性不如玻璃和塑料；成本较高等。例如在罐头类食品储运的过程中，罐头内食物与金属包装材料长时间接触可能导致部分组分迁移到食物中，引起金属材料表面腐蚀、食物变质、气体产生和某些金属元素溶出等，缩短保质期，造成浪费。

为解决此问题，在传统金属制作工艺中，会在内部进行加腐蚀涂层处理，在涂层高温烘干处理过程中，消耗大量的热能，带来挥发性有机物排放、排污和回收等难题。

原始铝材料的生产需要经过铝土矿的开采和高温冶炼，在此过程中会排放大量的温室气体。再生铝的生产制造所需能源消耗可减少95%，碳排放也可减少95%，所以铝制包装材料的回收再利用发展前景很可观。

2. 塑料

继国家出台"限塑令"，为进一步坚持可持续发展战略、发展生态文明建设，我国又出台"禁塑令"，要求公共机构带头停止使用不可降解的塑料，让绿色包装不再是口号。

普通塑料包装在使用过程中受到氧气、光照、微生物等侵蚀后，极易出现脆断、老化、发霉等问题，并且一般塑料的强度弱，抗冲击、抗压、抗弯曲能力差，大大缩短包装使用生命周期。

为了提升塑料材质性能，塑料包装材料一般会添加稳定剂等化学助剂，虽然提升了使用寿命，但是生产过程中增加了碳排放量，同时造成了塑料安全性的问题。此外，塑料材质易产生静电，因此，在生产、搬运、物流过程中易发生危险，造成人力、财力损失，其产品也会影响消费者的使用体验。

可降解塑料也存在一定的缺陷，例如，与性能较好的石油基塑料相比，生物可降解塑料的拉伸强度和断裂伸长率低，商品流通中更容易报废。另外，国内垃圾回收系统仍处于前期发展阶段，几乎都采用焚烧和填埋的方式，可降解塑料制品的尾端产业链相对滞后，这也限制了可降解塑料的发展。

3. 玻璃

玻璃是一种传统的包装材料，具有惰性、不易渗透、透明美观等优点，甚至在某些领域处于垄断地位，如高端化妆品市场、香水市场等。

但也存在很多限制其发展的因素：一是构成玻璃各种鲜艳颜色的重金属氧化物、硫化物或硫酸盐，在高温熔化时会发生气化，排放至大气造成污染，同时在燃料端使用非清洁能源也是造成高碳排放的主要原因；二是原料粉尘及玻璃加工粉尘的污染严重；三是在玻璃生产过程中磨料、抛光剂、洗涤剂等产生的废水含有重金属和氯化氢等毒性物质，直接危害水资源。

除此之外，玻璃包装回收再利用有一定难度，一方面，玻璃器皿很难清洗；另一方面，运输中也容易加高损耗。由于玻璃材料对温度具有很强的敏感性，我国南北天气温差较大，南方制造的玻璃运输到北方很容易受损破裂，不仅引发质量问题，而且造成的人力、物力消耗与排放也是无可挽回的。

4. 天然材料

天然材料是指相对于人工合成的材料而言，自然界原来就有未经加工或基本不加工就可直接使用的材料，如橡胶、石材、蚕丝、亚麻、皮革、黏土、竹子、麻、藤、葫芦、荷叶等。

天然包装材料虽然有着无可替代的优点，但是目前仍然存在局限性。

在商品性上，部分天然材料生产成本高，例如一些可降解材料生产成本为石油基塑料的 3~10 倍，在商品流通环节中就可能遭拒。部分材料生长周期慢，产量低，韧性差，拉伸度不足，不能满足大批量机械化生产。如果手工制作，也会增加人力、物力消耗，增加碳排放。

在回收性上，天然材料由于受环境影响较大，在缺乏紫外线或温度较低时难以降解，降解周期长，增加了环境压力。部分材料不利于回收再利用，例如皮革，多用于红酒的包装中，造价相对较高，回收的可能性较小，无疑增加了碳排放量。

三、复合材料

复合材料是指多种材料的混合物，多用于食品、药品等产品的包装，单一塑料薄膜已经不能满足新型包装要求，而其他材料不能单独使用且成本较高，因此，通过复合技术将通用塑料与其他材料结合。

在保护性上，由于复合材料性能不一，各层厚度有变化，不同材料的拉伸度、破裂强度、耐折强度等都不相同，另外，还需考虑防水性、防寒性、密封性和避光性、绝缘性等，对制造工艺与方法有很高的要求。

在卫生性上，复合材料生产过程中普遍使用的溶剂型黏合剂，会排放大量的挥发性有机物，气味大、污染严重，并且有机溶剂会残留在包装中，成为食品药品安全隐患，上胶后烘干工序还会消耗大量的电能。

在商品性上，由于复合材料性质不同，需要分别印刷，这不仅增加了生产过程中的碳排放量，而且增加了包装成本。有些复合包装复杂，很难实现机械化操作，不便于包装作业，增加包装成本。

在回收性上，复合材料废弃后一般进行焚烧处理，处理不当会对大气造成污染。部分软包装为了拥有密封保险的功能，选择多层复合材料，而传统复合材料的黏合剂有毒性，在垃圾焚烧时会释放有毒物质，同时增加了分离工艺的复杂性、回收成本和能源消耗，对特定的复合材料，还需要特殊处理。

第三节　生产环节思考

包装生产作为降低产品碳排放量的重要环节，其传统的生产加工方式面临巨大挑战。传统包装生产主要包括纸质包装、金属包装、塑料包装等，工艺涉及面广且生产过程中涉及大量化学材料的使用。为贯彻绿色低碳理念，需要基于包装生产的各个工序对设计进行考虑。

一、印刷工艺

印刷作为包装生产中一种不可或缺的装饰与传递信息的手段，广泛存在于各类商品包装中。由于印刷生产过程中需要经历打样、制版、上机印刷、印后加工等步骤，因此不可避免地需要使用油墨、油墨稀释剂、黏合剂、印版清洗剂等多种含化学物质的辅助材料。

1. 印刷材料

油墨在传统包装印刷中起着必不可少的作用，其中传统的有机溶剂型油墨由于其在生产过程中印刷速度快、品质好、成本低而得到生产商的广泛运用。然而就溶剂型油墨本身来说，其不仅含有铅、汞、钡等重金属物质，而且采用甲苯、二甲苯、丙酮、丁醇、乙酸乙酯等挥发性有机物作为溶剂，极易产生有毒挥发物质，存在一定的安全隐患。

2. 印刷过程

包装印刷生产中的不符合低碳理念之处主要表现在对大气及水环境的污染。在传统印刷中使用的有机溶剂成分复杂且具有沸点低、易挥发的特点，并易产生含有苯、甲苯以及异丙醇等有毒有害的挥发性有机物对大气环境造成污染。同时洗板废水、油墨清洗废水等也会将其中残留的重金属、有机溶剂带入污水中，产生污染因子，增大污水处理难度以及工作量。表11-1为印刷工艺主要污染情况。

表 11-1 印刷工艺主要污染情况

污染类别	生产工序	主要污染因子
废气	润版过程、油墨印刷过程以及墨槽、胶辊和橡皮布清洁过程 烫金工序 裱糊、复合工序 印制说明、喷码工序	挥发性有机物 挥发性有机物 挥发性有机物 挥发性有机物
废水	废印版水、油墨清洗废水	五日生化需氧量、重铬酸钾法、色度、总氮
固体废物	裁切开料、裁切成型、模切成型 印制说明、检验喷码 润版过程,油墨印刷过程以及墨槽、胶辊和橡皮布清洁过程 模切成型 烫金工序 裱糊、复合工序 有机废气处理 废水治理设施	废边角料 废墨桶 废润版液桶、废墨桶、废擦机布、废橡皮布、废计算机直接制版 废模切板 废烫金版、废烫金纸 废胶包装桶 废催化剂、废活性炭 泥饼

3. 金属包装工艺

金属包装作为一种保护力强、可回收的包装,现已应用在食品、生活用品、医药等领域,可根据需求制成不同大小形状,在包装行业应用广泛,是包装工业的重要组成部分。金属包装相较其他材料有其独特的优势,但由于其生产工艺涉及钢材、铝材等的处理,难以避免存在以下几点问题。

首先,高污染。罐身印刷、内喷涂及烘干过程中易产生有害气体。与纸质包装印刷类似,金属罐身印刷由于生产过程中需要使用溶剂而产生挥发性有机物对大气造成污染。罐身生产过程中,清洗磷化产生的废水会造成水污染。

其次,高耗能。由于在金属包装生产过程中需要大量的热量冶材,以及在印刷涂装过程中需要烘干,所以金属包装工艺对能源的消耗是大量的,其中包括电、天然气、煤等传统能源,大量使用造成碳排放增加。

4. 塑料包装工艺

塑料包装是产品包装设计主要应用的包装方式之一,且由于其稳定性与便利性,其在产品的包装应用中占较大比例。塑料包装工艺包括挤出、注塑成型、热成型、塑料发泡工艺等,其中挤出和注塑成型是最常用的工艺,主要是将固体颗粒、液体等其他形态的原材料制作成所需造型。在塑料成型的过程中，需要使用到多种溶剂，如增塑剂、着色剂、聚合物助剂等，这些溶剂在生产过程中大量使用会产生大量的挥发性有机物废气，对大气环境造成污染。同时，在对机器进行清洗的过程中，残留化学溶剂若处理不到位，或将进入水循环，对水质造成污染。塑料包装生产企业较多，生产工艺与排放处理能力参差不齐，造成污染程度不一，管控难度较高。

5. 定制化生产

产品包装设计日趋多样化，独特的且个性化的包装赢得消费者的青睐，商家为迎合消费者此种心理，对商品包装进行定制，倾向于小批量、多品种的生产。对包装机器来说，小批量个性化定制生产复杂，需不断重复设计—打样—生产的过程，传统生产机器多为单机自动化，无法进行数据互通，每生产一种新包装都要更新生产参数、制版、开模等，对生产效率及稳定性有一定影响，且消耗大量人力、物力。例如，同一种类产品设计多种包装，材料造型各不相同，增加生产成本的同时消耗资源，导致碳排放增加。

二、人工成本

人工成本直接影响企业的生产成本，在包装生产中，企业对需要人工操作的部分相对控制力较弱，对于缺乏稳定统一生产标准的中小企业来说，包装设计烦琐，在生产过程中将增加工人工序，降低工人效率，从而导致次品、废品产生，不仅使企业收益降低，增加不必要成本，而且易造成材料的浪费，不符合低碳环保的理念。

三、设计尺寸

包装设计尺寸不合理导致生产裁剪时对材料运用不充分，产生废料。以纸张为例，印刷常用尺寸规格为4K、8K、16K等，16K尺寸为210mm×285mm，若在设计时将尺寸定为210mm×297mm，则需要使用8K的纸张，即造成纸张资源浪费，增加碳排放。

材料厚度运用不合理导致不必要成本增加。例如，生产某产品包装只需80克的铜版纸就能达到所需强度与美观效果，而生产时使用了100克的纸张进行包装印刷，造成非必要的纸张资源浪费。

第四节　物流环节思考

商品货件运输推动了物流行业的新发展，眼下许多快递公司的包裹驿站也入驻农村，物流信息化与人们日常生活越来越密切相关。现代化物流运输作为包装大环节的重要一环，在绿色物流运输以及低碳包装中仍有不可忽视的问题亟待思考。

一、物流运输前

物流运输前需要同时关注产品包装的内外部问题。内部问题主要表现在包装造型不合理、空间利用不充分、产品包装间隙大于产品体积，从而造成空间容积率大，增加运输成本，引发因包装结构无法保护产品本身而造成损失的迭代问题。例如，有些产量较少的产品本身造型呈尖锥状、椭圆状、细柱状等不规则造型，因其产量不多，商家就谋利成本而言不愿再为该不规则造型产品专门开模设计一个"合身型"的包装填充物料，但又担心运输过程中产品破损，商家会选择采用大量塑料气泡布和透明缓冲气垫等对不规则造型产品进行重重包裹。而这些被增加使用的填充物料造成物流包装的空间浪费，且它本身是较难降解的塑料材质，这样的内部过度包装违背了绿色低碳包装的真正意义。我国现有的一部分快递企业忽略过度包装与资源浪费等相关问题而侧重对内装物的保护功能。

外部问题主要表现在不少电商为了保护内部产品在运输和装卸配送过程中不漏损，往往对快递包裹外表采用大量胶布进行"五花大绑"。消费者在收到货物后需借助剪刀等工具将胶布层层拆封，一不小心就会损坏内装物。而这些胶布大多毫无美感且识别度较低。部分快递企业少有识别度较高的胶带，事实上，"颜值"胶布是塑造快递物流包装品牌的元素之一，识别度较高的胶布能给消费者留下更深的印象。

二、物流运输时

物流在运输过程中也存在着非低碳问题。第一，电商时代下催生的大量快递物流订单，厢式载运货车等陆载交通工具容易造成交通拥堵和环境污染，且货车的运输时间是有限制的，无疑降低了物流的配送效率；第二，同一车载不同产品因包装大小不一、形状各异造成的不便装箱，物流载运集装箱空间浪费现象层出。另外，恶劣天气、多次周转等因素对产品的包装在固定性、抗摔、抗压、抗磨损、防水防霉以及表面清洁度等都提出了新要求。

三、物流运输后

物流运输后，在人机搬卸过程中同样存在着包装不合理问题。在人工搬卸过程中，常有因包装材料不结实或包装结构不合理而导致的物件损坏。此外，人们在超市中挑选经过运输后上货架的产品时，在产品的性能值与价格值比都差不多的情况下，6 瓶塑封无提耳的组合装牛奶和 6 瓶纸质包装有提耳的组合装牛奶，人们大多选择后者，提耳包装在人工搬运过程中更具便携性；而非提耳包装产品仍需在产品结算时另购包装袋才能达到便携目的。可见，不便携包装在人工搬运中是诱发非低碳行为的重要影响因子。在机器搬卸过程中，流水作业的机器因为产品包装造型各异，也不便统一搬运操作。表 11-2 为物流过程各类非低碳问题。

表 11-2　物流过程各类非低碳问题

物流环节		运输前	运输时	运输后	
包装非绿色非低碳问题	内部问题	包装造型不合理 空间利用不充分 产品包装间隙大于产品体积等	第一，厢式载运货车等陆载交通工具易造成交通拥堵和环境污染；第二，车载不同产品因包装大小不一、形状各异造成集装箱空间浪费	人工搬卸	非提耳包装诱发非低碳行为；包装材料不结实或包装结构不合理导致物件损坏
	外部问题	"五花大绑"式密封胶布 层层包裹致胶布开封难，胶布浪费且毫无美感等		机器搬运	产品包装造型各异，不便统一机械搬运

第五节　使用、回收环节思考

设计师们在包装制作的设计过程中通常会忽略消费者在实际应用中会遇到的问题，单纯把它当作了产品的附加品，过多注重包装的美观性、功能性、保护性而遗忘了实用性，违背了绿色低碳的初衷。

一、使用过程

消费者在产品的携带过程中，由于包装材料及结构的不合理，易出现包装破损或产品磨损等现象，如体积较大的纸箱包装、编织类包装等，携带者很难找到着力点，就会通过拖拽的方式搬运，包装与地面发生摩擦，很容易产生破损，而且编织袋包装多用车缝线封口，很难徒手开启，借助工具很容易破坏编织袋，无法再次利用。

商家在包装产品时为了更好地出售以及在打包快递时防止运输中出现损坏，经常会过度包装，使用户在实际使用过程中多有不便。部分商品本身不大，但外包装的体积和内部的包装间隙却远远超过商品本身的体积，导致包装整体观感和产品实际内容严重不符，给消费者带来一种错觉，形成心理上的落差。这种行为既欺骗消费者，影响了社会风气，又浪费了资源。此外，商家为了保护商品在运输过程中的安全，使用的包装层数很多，整体包装完全超出了基本的承载和保护功能，既增加了成本和耗材，又产生了大量的包装废弃物。消费者打开包装程序烦琐，且拆开后很难再循环利用。如月饼的礼盒包装：塑料小袋里包装、纸质盒子中包装、大铁盒外包装，再加纸箱运输包装。这些包装的二次利用度极低，过度包装造成较大的资源浪费。

二、开启设计

市面上现存的部分包装开启口难以寻找，缺乏开启说明，导致消费者盲目打开包装，不仅会影响包装使用、破坏包装结构，而且会造成产品损坏。包装材料、结构、造型等特点都会影响包装开启方式的合理化，比如市场上的屋顶盒酸奶，开启后盒盖上通常会残留一些酸奶，部分人会选择直接丢弃造成浪费；瓶装的酸奶，由于瓶口过小，也总是会有残留部分难以清理，导致加大回收成本。

包装产业发展迅猛的同时，包装废弃物也随之暴增，然而回收率却非常低，甚至达不到20%。除了啤酒瓶和塑料周转箱回收状况稍好外，其余包装大多数使用后被当作垃圾丢弃，引发了自然资源大量消耗、废弃物难以处置和废弃物管理压力的增加等问题。

三、二次利用

大部分包装在使用后会直接被丢弃，只有小部分包装可以在消费者使用后实现二次利用，但往往又因结构或质量问题，导致包装性能下降，包装生命周期减短，不利于实质上减少碳排放。以快递包裹为例，这些快递的包装大多都是用一次性材料制成的，使用完毕后就将其当作垃圾丢掉，二次利用率非常低。

四、回收意识

改革开放以来，我国人民生活水平日益提高，人们越来越注重生活的质量，但是环保意识、废弃物回收意识目前来看有些薄弱，大多数民众对包装回收认识不足，知道回收却不知道具体哪些包装可以回收，准确地把使用后的包装物放进指定回收桶的数量仅占总数的 9.73%。此外，政府有关部门对包装回收的技术研发、公共设施与设备投入资源不足，对绿色包装环保的宣传力度、监管力度不够，缺乏有效的惩罚与激励措施，没有明确的回收监管政策和标准，导致部分快递企业与包装生产企业更加注重企业经营的直接效益，不够重视绿色环保包装及回收所带来的长远利益。

五、回收体系

近年来，在国家相关政府部门的政策指导下，我国包装废弃物回收体系的建设虽有进步，但依然存在问题，目前主要体现在回收站点布局不合理、回收成本高、回收渠道混乱以及相关法律法规有待完善等方面。

1. 回收站点布局不合理

回收站点面积小，分布散乱，缺乏统一集中的废弃物回收站。包装回收站点合理地址的确定、快递包装回收站点的建立尚未完善。如个别校园快递包装回收站点，面积很小，不仔细寻找难以发现，只能承载极少的包装废弃物，达不到快递站点快递的 1%，大部分同学都是取回宿舍打开包装，之后当作生活垃圾丢到垃圾桶，这就使包装回收存在一定程度的流失（跟随生活垃圾流入垃圾回收站），导致可循环利用的包装大量损失，不仅增加了生活垃圾处理负担，而且造成资源浪费。

2. 回收成本高

目前市场上的一次性包装材料因为其成本低、应用普遍，绿色环保包装材料成本高、使用较少，因此，包装回收收益不高。然而回收却需要大量的人力、财力，包装的回收需要人员进行运营，包装回收所需要设置的站点以及回收站负责运维的工作人员都需要占据一定的成本。

3. 回收渠道混乱

我国的包装产业正处在开放式的高速发展阶段，各个企业对产品的包装没有统一的要求。由于缺乏标准化的操作流程和科学的管理体系，各种包装材料大小五花八门，对于同样的产品包装，不同的企业也可能使用不同的材料或者同一材料不同大小，因此，当下包装废弃物回收渠道混乱，回收方式缺乏统一标准。

4. 法律法规有待改进

我国包装回收立法起步较晚，没有专门针对包装的立法，面对包装废弃物的快速增加，我国环保、商检等相关部门一直致力于包装废弃物的处理与回收方面政策法规的研究，但目前为止还没有适合我国国情的法律法规，现有的相关法规标准无法进行有效的约束。

包装废弃物回收体系的建设相较于包装产业的发展稍显滞后，各企业、部门虽有努力，但由于生产、使用、回收等核心环节没有科学的管理体系，不能统一协调行动，制约了关于低碳包装及包装废弃物回收的研究和发展，阻碍了回收体系的完善。例如我国当前回收方式有三种（表11-3），但由于没有联系、没有组织，都有其各自的局限性。包装废弃物回收应是全社会各个部门、各个企业都关注的问题，各部门各企业应该联合起来，形成一个整体，构建一个完善的、专业的回收体系。

表 11-3　我国当前回收方式

回收方式	特点	缺点
生产商回收	利用互联网搭建回收网络	人力、物力、财力需求大，回收数量和范围有限
生产商与企业协同回收	线下销售及售后维修环节开展回收	信息反馈慢，流程复杂，各企业回收体系存在差异，难以协调
第三方企业回收	自营回收平台	依靠专业回收人员和完备的回收物流网络，成本较高

六、小结

尽管社会对于增强低碳意识、坚持低碳发展的认同感日渐提高，但在产品包装由设计至使用回收的各个环节，传统高碳排放的方式及理念并未得到实质性转变。结合本章对产品包装产业提出的思考，一定程度上能对目前推动绿色低碳所面临的现状有所了解。

一方面，产品包装产业的减排速度与低碳理念的迅速普及不匹配。"绿色低碳"不仅是在观念上给予警示，而且体现在各个实际过程中。现阶段，随着经济技术的发展，商品包装产业愈加庞大，低碳理念虽得以广泛传播，但在实际各环节中仍然难以落实。为保证企业经济效益，产品的材料、工艺及仓储物流环节等大部分仍保持传统的高碳排放方式，如塑料、金属等非低碳包装仍被广泛使用。消费者易倾向于精美的产品，也使包装设计师难以在供给端创新，低碳理念在需求端与低碳包装设计两方面的融合深度不够，在使用、回收环节碳排放量高，因此，设计及后续环节还需不断融入低碳理念。

另一方面，低碳包装普及成本较高。虽然包装产业一直在进行低碳改良，但技术手段以及外部条件尚不成熟，新型环保工艺材料及储运回收方式广泛推广需要投入大量精力以及成本，例如天然材料受环境影响大、有生产周期，新型复合材料等对工艺要求高、需要企业一定投入。在无政策强制推行的情况下，部分包装企业为节省成本，仍旧选择传统包装生产及储运方式，因此，绿色低碳包装难以得到广泛推广。同时企业成本加大带来价格上升，消费者花销随之上升。低碳包装的普及仍存在困难，需要消费者、企业与政府的共同努力与投入。

绿色低碳的实现涉及包装产业的各个环节，低碳意识的推广需落实到实际操作中，以企业、政府、设计师为起点，结合后续节能减排，才能实现绿色低碳的包装创新设计。

第十二章　绿色低碳理念在文创产品包装设计各个环节应用策略研究

随着可持续发展观念在经济发展中被进一步落实，绿色设计的理念已经被广泛应用，绿色低碳包装成为当前乃至今后包装设计的主流。本章基于绿色低碳理念下对文创产品的包装设计各个关节进行深入的研究。

第一节　设计环节策略

随着 5G 时代的到来，新设计技术和新设计形式也逐渐从理想走向现实，包装的内容及呈现形式都发生了巨大变化，人们的生活习惯、消费习惯也随之改变。设计师除了帮助消费者获得高层次消费体验之外，还应该引导消费者的低碳消费行为，实现经济效益、社会效益和生态效益和谐统一。

一、设计手段——多元化

近年来，消费者对文创产品包装的视觉审美开始产生疲劳，人们的审美逐渐回归理性，越来越多的人愿意为设计买单。除了传达文创产品信息以外，如何在包装上做出突破创新，并向消费者传达绿色低碳消费理念，是探索绿色低碳化包装设计方向之一。于是，越来越多的低碳化包装选择视觉扁平化、结构减量化、造型仿生化等多元化设计手段，传达绿色低碳理念，倡导"少即是多"的消费观。

如某品牌旨在用香皂包装香皂。使用者需要在矩形的外壳刮去一个斜角，作为内部沐浴露的开口，在使用完沐浴露后可以继续使用香皂外壳，全过程不会产生任何塑料废弃物，唯一留下的只有重复使用的金属夹。这款相当于"我包我自己"的香皂包装，外形有设计感，形式新颖，环保理念明确，既可以做到"零废弃"，同时也达到"买一送一"的效果。

二、设计评价——生命周期评价法

为实现绿色低碳目的，包装设计师在进行前期调研时，需要将文创产品包装全生命周期考虑在内。近期发展起来的生命周期评价法很适合对包装碳排放进行全面综合的追踪与评估。

生命周期评价法是计算文创产品包装在生命周期内所有输入和输出碳排放量的总和。就包装的生命周期而言，包括包装设计—模具制作—原材料生产—材料加工成型—制版印刷—封装—物流—营销—使用—回收—降解等。

例如在包装设计环节，设计师可以从"全设计流程"出发，选择绿色材料、绿色印刷方式、包装结构优化等方案，加强绿色低碳包装设计源头把关；在包装制造环节，可以打造绿色供应链体系，对原材料供应商加强管控和评估，提升原材料的质量和环保水平；在包装生产环节，可以发展绿色生产体系，从管理模式到生产模式，实现智能化、精简化、参数化，提升生产效率，减少原材料及能源消耗等。这些都可以利用生命周期评价法管控各个环节碳排放情况，整体上减少包装的"碳足迹"。

三、设计策略——智能化包装

"智能化"是人类的实践经验发展到一定阶段的成果，在包装技术相对成熟的今天，人们更追求安全、便利、环保的包装体验，包装设计师更需要及时地把新材料、新工艺、新结构引进绿色低碳包装领域，让包装适应不同使用环境和场景，达到低碳的目的。而智能低碳包装不仅满足于在传统包装上加入新材料、改变结构等基础部分，而且应利用新型数字技术、功能材料或特殊结构，提高低碳包装传达多维度信息，与消费者情感交互、储运更加安全等进阶功能，达到绿色、低碳、安全、人性与未来智慧城市接轨的目的。

四、设计理念——科普宣传

在应对碳排放逐年升高、全球气候变暖方面，向社会科普低碳知识、培养低碳意识是主要的措施之一，将其与包装巧妙结合亦可以为低碳包装设计提供新思路，满足绿色可持续发展的"双碳"目标。

如某护肤品牌设计绿色环保 IP 形象作为品牌"关爱地球，保护湿地"系列宣传活动形象，并运用在系列文创产品包装与商业宣传中。该设计将湿地中常见的水獭与地球抽象化结合，采用象征地球的蓝色与绿色作为品牌色。湿地是地球的皮肤，IP 旨在引导消费者关爱自己的肌肤的同时，关爱大自然的肌肤，形象设计既具有很高的辨识度和亲和力，又清晰简洁地向消费者传达了绿色环保的消费理念，满足低碳环保主义者的消费需求。

第二节　材料环节策略

在选择材料时，既要注意包装在废弃后不会对环境造成污染、易回收、易降解，又要注意材料生产中尽可能对人体和环境友好无污染。绿色低碳包装材料是新型材料的重要组成部分和实现绿色低碳包装的关键。在包装材料选用方面，除了使用新型绿色环保材料之外，通过工艺、技术的改进，减少材料生产过程中的污染和碳排放，提升现有材料性能和强度，减少材料用量也是重要一环，不过环保低碳包装倡导的并不是包装"轻量化"，而是"适量化"，选择合适的包装材料和结构以减少商品的损坏与浪费，也是低碳包装设计的理念。

一、纸质材料

纸质包装材料是 100% 可回收利用的，可再生和可降解的属性使之被广泛运用在绿色低碳包装中。虽然纸质材料来源和生产过程不环保，但是如果我们优先选择可回收利用或再生纸质材料，并在生产过程中注重废弃物的处理与再利用，整体来说，纸质材料是绿色低碳包装的不错选择。

1. 瓦楞纸

我国的瓦楞纸板、瓦楞纸箱发展已形成相当的规模。瓦楞纸是一类板状物，由挂面纸通过瓦楞辊加工黏合制成，形似瓦楞，呈波形，纸板的弹性、强度都高于普通纸板，具有较好的缓冲性能，可用作 1 吨以上货物的运输包装箱，运用场景广，可回收性强。瓦楞纸箱平均包含 48% 的回收纤维，是目前国内最大的再生纤维终端市场，其中 36% 的回收纸文创产品将用于生产瓦楞纸，并且不会对其美观和性能造成太大影响，属于理想的低碳环保材料。表 12-1 为瓦楞纸分类。

表 12-1　瓦楞纸分类

楞型	特点
A 楞	抗压强度最高，但易损坏 适用于外纸箱、格板
B 楞	稳定性最好，适合印刷 适用于纸箱、盒子、内衬
C 楞	强度在 A 与 B 之间，价格经济 使用比较普遍
D 楞	薄而密、坚硬且美观，重量轻 价格便宜、印刷精美 不适合用于缓冲材料，多用作外包装

2. 蜂窝纸

蜂窝纸是将两层面纸和一层芯纸复合加工而成的纸质材料，具有强度高、重量轻、缓冲好、价格低等优点，是理想的低碳环保材料。用作缓冲填充物，是很好的塑料泡沫替代品。而蜂窝纸板因为其外形美观独特的优势，用作文创产品外包装时，可以增加品牌辨识度，传播低碳环保的品牌调性与设计理念。

3. 石头纸

石头纸即用石头中的碳酸钙研磨成微粒后吹塑成纸，是介于纸张和塑料之间的新型材料。这种纸的原材料来源于地壳内最丰富的矿物质，是经过特殊加工工艺而成的可循环利用、具有现代技术特点的新型纸材料。石头纸的生产过程无需用水、无需添加化学试剂，相比传统造纸工业省去很多污染环节。石头纸的成本比传统纸张低 20%~30%，可以用于垃圾袋、购物袋、餐盒等，可以做到防水防潮。使用后可以回收再加工，生产塑胶文创产品等。在垃圾填埋焚烧时，也具有充分燃烧的优点，不易产生黑烟，二氧化碳排放少，六个月可自然降解。

4. 水洗纸

水洗纸是一种可水洗、可印刷、印花、层压、涂覆或丝印加工处理的牛皮纸，是一种新型低碳环保材料。水洗纸的原材料是天然纤维浆，具有无毒无害、可循环使用、可降解、可回收再利用等优点，可以广泛用于衣物标签、环保购物袋等，让包装与文创产品"共生"。

二、塑料材料

自 2021 年开始，国家要求全社会禁止使用不可降解的塑料包装袋、一次性塑料等，降低不可降解塑料胶带的使用量，2025 年底，全国快递站点禁止使用不可降解包装袋等。塑料的环保性、可降解性成为改善生态环境的重要方面。

1. 可降解塑料

玉米塑料是目前运用较普遍的环保塑料之一，可以在使用后完全降解，不仅低碳，而且能解决玉米积压而产生的浪费问题。某公司曾在 2005 年开始在多家门店使用玉米塑料为食品包装，虽然玉米塑料造价比化工塑料高，但是这一举措既可以让消费者重塑对塑料食品包装的信任，又可以树立绿色健康、低碳环保的企业形象，是很有远见的市场竞争举措。

2. 轻质塑料

某公司制作的矿泉水瓶，在材料和工艺上都进行了深入的低碳创新研发，在不影响包装功能的前提下，对整体材料做轻量化处理以达到在原材料和文创产品运输上减少碳排放的目的。瓶盖采用了窄口设计，直径和高度变小，让瓶盖聚乙烯用料减少 50%。瓶身采用了加强筋设计，保证 0.1 毫米的瓶壁承重不轻易变形。用减薄加纹路的方式实现抗压。新瓶重 9.8 克，比上一代减轻 35%，相应地减少 35% 的碳排放。在回收上，新瓶在饮用后轻松扭转瓶身可节省 70% 以上回收空间。

三、自然材料

1. 竹材料

竹子是一种优质的材料，在经过特殊处理加工后，用作家居用品，坚固、耐用、环保、材质轻巧；如用作包装材料也可长久保存，不变形、不变质。竹制包装可以多次重复利用，延长包装的使用生命周期，即使丢弃也可在短时间内降解。而中空的竹节可以直接用来做包装盒，竹藤可以编织，竹叶可以包裹，纹理优美淡雅，香味清新，灵巧轻便又独具匠心，古往今来深受喜爱。

2. 有机作物

以有机作物为原材料可以保证无毒无害，且对环境不会造成污染，生长快速的植物、农作物副文创产品，如蔗渣、香蕉皮等植物纤维、茎秆都可成为不可降解材料的替代品。

某公司 2021 年中秋月饼礼盒采用甘蔗渣为原材料，在低碳材料与工艺上做出了新突破。据估算，每一年该公司都会订购 25 万份中秋月饼，而甘蔗渣做的环保月饼盒可以节约 757 棵树，相当于一片小森林。月饼吃完后，这个礼盒还可以用来栽培植物、收纳玩具，即使丢弃到自然界，也能在 6 个月内完全降解。整个过程采用纯天然材料（甘蔗渣），不含油墨、塑料，过程也不产生废水，裁掉的毛边会变成超市的鸡蛋托。除了类似棕榈、洋麻等"废料"可以当作包装纸，有机材料还通过模塑技术定型，使其具有包装的性能，不但减少资源消耗、环境污染，而且可以降低成本。模塑包装技术是将原料在特制的模具上经真空吸附成型，后经干燥冷却而成的包装制品。制作流程多为物理过程，对环境污染小，模塑制品使用后可回收再造纸或新模塑包装，也可通过自然堆肥降解。目前模塑包装被广泛运用于食品包装、医用器具包装、电器数码内衬包装、陶瓷易碎品包装等。

在时尚行业，彩妆和护肤品一直存在过度包装现象。随着电商行业的发展，大量的美妆通过快递送达消费者手中，因为护肤品成分原因，多采用玻璃瓶装置，在运输途中需要填充大量的保护性材料做缓冲，蘑菇的菌丝混合物成为很多美妆品牌青睐的材料。这种菌丝混合物具有耐高温、绝缘、耐用的优点，并且可以很快在大自然中完成生物降解，消费者甚至可以直接将其放置在花坛里或树旁边堆肥降解。

由国外设计师设计的鸡蛋盒包装，用干草制作鸡蛋包装，干草原材料廉价易得，通过加热、压制的方法成型，不仅起到了保护缓冲的作用，而且附上一个颜色绚丽的标签，给文创产品增添了一些野趣，在体现了低碳环保、可持续的理念的同时，让消费者仅凭干草盒就感受到鸡蛋的原生态。

四、玻璃材料

玻璃材料多用于瓶装牛奶、葡萄酒、果汁等。消费者的惯性思维会认为瓶子越重，体量越大，文创产品的质量越好，商家深知如此，比如某品牌红酒会刻意挑选厚重的瓶身，以增加视觉和触觉上的分量感，但过重的瓶身往往会增加运输成本，重工制造也会增加生产过程中的碳排放。目前轻质玻璃可以作为普通玻璃的环保替代材料。所谓轻质玻璃，是指轻量化玻璃包装工艺，在满足包装需求的前提下，在配料、熔制、成型等道道工序中控制玻璃瓶的容重比，保证生产出的玻璃材料既可以满足包装的强度需求，又可以满足绿色低碳，同时降低文创产品运输的成本与碳排放。

五、复合材料

目前市场上常见的复合材料有纸塑铝、纸铝箔等，由纸张、塑料、铝箔等材料复合而成，有很好的密封性，有抗菌抑菌的作用。市面上普遍的软包装复合材料多用热塑性塑料薄膜，使纸张与铝箔复合在一起成为多层复合纸，综合了铝箔的阻隔性和纸张的耐折、抗冲击性。在回收上，如果是传统黏合方式很难将材料分离，所以在国外饮料盒被回收几率很低。如果采用特殊的树脂材料，可以高温分解，使铝箔与纸分离，因而大大提高了材料回收再生性，减少了材料的浪费，是理想的低碳材料。或者像某品牌设计师设计的饮料盒一样，在设计之初就将材料分离，外包装是纸板，内包装是塑料软包装，使用后可以沿着易撕线撕成两半，将内外包装轻松分离，过程有趣，也实现了100%回收。

六、智能材料

1. 水溶性材料

水溶性材料近年来也在各领域不断发展和改良，目前水溶性材料形式众多，可以在日化用品、农用物资等领域广泛运用。例如水溶性薄膜，可以依附在植物种子上，在下雨天有水浸入土壤时，薄膜自然溶解，种子可以生长发芽。此外，还可以用于肥料和农药等，使其成为包装的一部分，既可以提高播种的效率和精度，又节约人力、物力成本，从而减少生产活动的碳排放。

水溶性材料还可以很好地解决回收问题，如某公司将水溶性材料与玻璃瓶结合，很好地解决了玻璃瓶回收时残留标签难以去除、彻底清洗的难题，减少了对环境的污染，大大提升了回收效率。

2. 热敏材料

国内某大学研发了一款可指示变质文创产品的"智能热敏变色标签"，随着包装温度的上升或下降而发生颜色改变，红色表示新鲜，黄色表示品质下降，绿色表示已经变质既可以帮助消费者选择新鲜的食品，又可以提醒商家及时打折促销或更换文创产品，以免造成浪费。

第三节　生产环节策略

包装的生产过程会涉及印刷工艺、材料加工工艺、机器生产、人工操作等各个程序，一定程度上会导致挥发性有机物的排放以及非必要的人力物力消耗，是碳排放及污染的源头之一，因此，控制生产各个环节的碳排放及能源消耗成为推动包装生产环节向绿色低碳靠拢的重要手段，是包装创新设计所要思考的重要部分之一。本节基于对生产环节所提出的思考寻找改进方式，旨在贯彻绿色低碳理念。

一、减少传统油墨

油墨无论在纸质包装、金属包装或其他材料的印刷生产环节都被广泛应用，一直是挥发性有机物产生的重要来源之一，对油墨印刷进行控制成为实现低碳环保的重点领域，减少或替换传统油墨印刷工艺必不可少。

1. 采用新型环保油墨

为降低碳排放，减少挥发性有机物排放对大气的污染，传统油墨已不能满足日益加强的生态环境保护要求，新型绿色环保油墨如水性油墨、植物性油墨、紫外光固化油墨等的推广日益被重视，例如紫外光固化油墨印刷，其组成包括感光树脂、活性稀释剂、光引发剂及助剂等，不含挥发有机溶剂，在减少挥发性有机物排放的同时，更易干燥，生产效率高于传统油墨印刷且低碳环保。

2. 采用环保印刷工艺

受到低碳环保政策以及理念的影响，传统高排放包装产业受到冲击，为增强日渐普及的低碳意识，有必要将新型环保印刷设备及工艺应用在文创产品的包装设计上。如茶包装对特种纸张采用压凹、击凸等不涉及油墨的工艺进行包装设计。某茶叶公司的设计通过对纸张切割配合凹凸工艺，有效传递文创产品信息的同时为包装增添了立体感，不仅减少了油墨带来的污染，体现低碳环保理念，而且对消费者来说更具吸引力。除了纸质包装类文创产品之外，凹凸工艺同样可运用于塑料、金属等材料的包装中，在简化生产步骤的同时，在不同材质上可体现出不同的视觉及触觉体验，丰富了包装的内涵与实用性。

3. 利用新型技术手段

通过光学纹理对传统包装进行创新设计，达到镭射效果，用激光刻写、全息技术、电子束等加工方式，使光产生不同程度的折射、衍射灯光显色现象，达到传递文创产品信息的目的。在生产过程中不涉及油墨染料以及有机化学溶剂等物质，减少了挥发性有机物的排放。

二、简化生产工序

为减少生产中的人工与机械成本，包装生产工序及材料的简化是减少碳排放和资源浪费的重要途径之一。对于生产而言，减少机器生产及人工的步骤意味着提高单位包装生产效率，一定程度上降低出错率，降低成本。如某品牌纸盒包装设计仅使用一张卡纸或瓦楞纸折叠而成，只需进行简单的裁切以及少量单色印刷，无其他辅料生产步骤，无需涂胶，且可适应不同尺寸的文创产品。减少生产过程中的人工及机器工序，提高效率，节约成本。如某品牌的改良版七巧板刀具包装设计，不同于原包装采用裱灰板手工盒、植绒内衬、满版印刷等生产工序繁杂的设计，改良后的刀具包装采用模切组装式的设计方法，将瓦楞纸板通过模切后简单组装成型，外卡通用，多种刀具外卡可进行统一生产，内卡根据刀具尺寸改变内孔大小和形状，将内卡外卡灵活组装可适应不同刀具包装需求，采用了瓦楞纸盒型包装，工序及材料简单且实用环保。

三、优化生产工艺

1. 采用新型环保包装生产工艺替换传统工艺

传统工艺如金属、塑料、玻璃等包装在生产加工过程中易排放大量污染气体及消耗大量能源，如印刷烫金、金属喷涂、烘干等。现阶段，受政策及环境的影响，包装生产技术、设备在不断创新，新型环保生产技术如数字化驱动系统、快速烘干装置等，随着技术条件的成熟，使用新型环保加工生产工艺及材料替换传统包装模式，不仅使生产过程低碳环保，而且减少了废弃包装对环境的污染。以国外某品牌推出的用于纸张和包装的新型环保型工业胶黏剂为例，其环保性强，采用可再生原料代替传统黏合剂，在不降低质量的情况下利于包装产业的低碳环保。

2. 利用天然材料加工生产替换传统生产

在更新原有加工工艺的同时，环保的天然材料也可结合传统工艺应用在包装生产中，材料的节能环保减少了生产过程中的碳排放及污染，也减少了废弃包装对环境的污染，更为低碳环保。如丝瓜玻璃包装这款将干枯丝瓜瓤作为材料的包装袋设计，其利用丝瓜络本身具有丰富纤维丝状结构的特性，不需额外的技术手段进行加工。从生产的角度来说，用材环保，低耗能、低污染，不会产生有害气体；从处理的角度来说，包装可二次利用为洗碗布，被丢弃也易于降解，充分贴合绿色低碳理念。

四、采用通用包装

对于系列化文创产品采用通用模块化包装。文创产品包装由设计至生产成品需要多道工序且需一定成本，为减少不必要的个性化包装生产所带来的工序与消耗，通用包装的应用日渐广泛。如某品牌饮料包装设计，采用统一的基础玻璃罐造型，通过不干胶贴纸所印的信息区分文创产品，同时饮料颜色本身也巧妙地体现了文创产品口味，节省了制作时间的同时降低资源消耗，这种对于包装的模块化系统可以广泛运用于食品、生活用品、美妆用品等，是避免生产成本居高不下、材料浪费的有效途径之一。又如某品牌咖啡的包装设计，除了必要信息，特有部分由邮票作为咖啡原产国的区分，既增加了文创产品特色、极具创意，又降低了生产成本，在生产过程中达到节能减排的目的。

第四节　物流环节策略

电子商务作为新兴消费业态迅猛发展，2020 年中国电商零售额已达 11.76 万亿元，占全国社会消费品零售额的 24.9%，网络零售平台及店铺数量为 1994.5 万家。但同时电商行业碳排放的年均增长率高达 21%（对比同期全国碳排放年均增长率为 6%）。中国承诺实现从碳达峰到碳中和目标，这无疑对物流行业提出了更高的要求。本节基于前面总结的问题为现代物流包装的改进与创新提出解决方案。

一、改进物流快递包装结构

包装作为生产的终点、运输的起点，在结构方面需要满足物流运输的要求。一般来讲，文创产品包装单元的结构要具有良好的抗冲击性和抗挤压性，以保证文创产品在运输中不破损。同时，文创产品包装单元的大小以及造型还要满足快递包装单元的要求，使其在运输过程中运输设备的容积得到充分利用。例如，将两个或两个以上的不规则造型进行组合，成为长方体或更稳定的方体结构，这样可以节省运输和仓储空间。如某品牌鞋盒的文创产品包装在造型上采用了直角梯形，使得文创产品单元内空间得到了有效利用，两个直角梯形一组，即可拼合成为一个方体，在运输中既节省空间又具稳定性。与传统方体鞋盒相比，它通过使用更少的纸张和体积达到可持续发展的目的，符合绿色低碳包装意义。

常见的易碎和易挤压变形的食品——鸡蛋和水果，其包装设计要满足物流运输的高要求。如国内市场珍珠棉蛋托、果托设计，其利用卫生环保的珍珠棉泡沫箱实现鸡蛋和水果的长途运输，替代了传统纸浆模塑蛋托，不仅改善了塑料包装造成的"白色污染"隐患，而且珍珠棉高度契合新加工技术，合理的孔径尺寸结构加工方便且有效保护文创产品运输。

冷链生鲜食品作为人们生活饮食的食材之一，其市场规模飞跃发展主要依托于冷链物流的发展，在带动冷链物流技术不断发展的同时，在包装方面也逐步向冷链物流生态化体系转型升级，优化生鲜从出货源、入冰库、销售以及运输过程中塑料用量过多、流通损耗、冷链物流包装的差异化不足等问题。例如，某生鲜平台作为以数字和技术驱动的新零售平台，拥有健全的供应链和配送优势，同时依据冰存冷链运输文创产品的大小、质量、保存温度等相关数据进行定量包装，减少常规零售中分拆再包装的货物损耗和材料浪费，并建立自动化包装平台，发展精细化包装。依托数据库平台，当有订单时，平台自动选配不同尺寸、不同特点的最佳包装。除此之外，将纳米材料技术和智能技术结合，研发绿色保鲜防腐、环境友好的活化性智能新包装，也是实现包装绿色生态化发展的理想对策。

二、重视物流包装品牌设计

快递物流包装不仅是内装物的"庇护伞"，而且是物流企业和电商品牌形象的"颜值"担当。当前市场上大部分是快递常规纸箱包装，但也有部分物流企业或电商开始关注快递纸箱包装设计，重视物流包装品牌设计，提高品牌辨识度和观众好感度，如一些电商在快递包装表面印上自己的标志或进行简单的设计。此外，一些物流企业也通过对外包装的颜色、字体、印刷以及图形形式做出创新来达到设计美感，由此对用户的认知产生影响。

此外，无胶带纸箱设计也助力绿色快递发展。由某公司设计的快递纸箱有效解决了快递包装的拆装问题，简洁的拉链式结构代替了传统"五花大绑"粘贴胶布的快递纸箱。该公司主要采用自主研发的环保波浪双面胶从内部进行黏合，代替不可降解胶带，不仅保证了瓦楞纸箱的美观，而且可以节省封箱时间。用户想拆开包裹，直接撕去表面上的拉链式撕条即可，极大地增强了消费者的交互体验愉悦感。目前这种包装被国内外许多物流企业使用。

三、优化物流包装单元系统

物流包装单元系统进一步对运输流程的各个包装的大小、形状进行约束，最大限度减少包装的不合理性，使单位包装最大规模化、集成化，提高空间利用和便捷运输，从而实现绿色物流系统的现代化。它从小到大包括文创产品包装单元、包装模数单元、托盘单元、货箱单元或集装箱单元。其中，文创产品包装单元主要是保护文创产品；包装模数单元一般体现为快递纸箱、周转箱；托盘单元是以托盘为载体的货物单元，托盘的特征是具有叉口，这是为了配合叉车实现机械化搬运和装卸；长距离、大规模运输，货物要放到集装箱、货箱里，形成以货车车厢和集装箱为包装单元的一个整体。把文创产品包装放在快递纸箱里，把快递纸箱堆码到托盘上，再把托盘放入货车车厢或者集装箱中，这就是物流运输流程从小到大，不同包装单元之间的组合。能否实现绿色物流的关键，取决于不同包装单元尺寸的设计。

目前，我国在包装模数化生产方面仍较为滞后，主要体现为物流包装单元模数关联配合度低，即运输流程中上一单元尺寸不能合理适应下一单元尺寸。600mm×400mm 的包装模数在我国的应用非常广泛，它配合 1200mm×800mm 的托盘，可以完美地适应中国卡车车厢标准。但在全球化经贸背景下，全球托盘标准是不同的，包装模数若不能很好地匹配目的地的物流运输设备，则会增加出口或进口的时间和金钱成本，同时，这样的情况会增加货箱运输次数，造成高碳环境污染。因此，结合全球化背景优化物流包装单元系统是一道难题，亟待研究。

四、发展互联智慧物流技术

互联网时代为物流快递行业带来了可观的经济效益，大力发展智慧物流，利用特殊加密二维码取代传统物流面单上的个人信息，既可以减少印刷快递面单，油墨污染可降低，对应的油墨回收工作也减少；也可以有效防止个人信息泄露、诈骗案件频发、骚扰电话乱象等安全隐患。例如，智慧物流利用无线射频识别标识技术，只需安装身份证识别器，便可对收寄件人的身份信息进行记录，在几秒内便可自动完成数据读取，无需人工操作且提高了工作效率，还能够缩短商品运输的周期。

参考文献

[1] 李思雨，王秀君．文创产品中包装设计的传统视觉元素应用研究[J]．绿色包装，2022(9)：83-86.

[2] 应志红．新兴纺织面料在现代文创产品包装设计中的创新应用[J]．棉纺织技术，2022，50(8)：96-97.

[3] 杨晓平，杨梦婷．浅谈品牌文化元素在文创产品设计中的应用[J]．明日风尚，2023(1)：127-130.

[4] 张勇．包装设计在视觉传达设计中的发展应用[J]．鞋类工艺与设计，2022，2(23)：46-48.

[5] 王玉明．基于情感体验的交互式包装设计应用解析[J]．食品与机械，2022，38(2)：118-122.

[6] 原瑜泽．感官设计理念在文创产品包装设计中的应用研究[J]．绿色包装，2022(4)：97-100.

[7] 代鑫．低碳型社会视阈下传统食品绿色包装设计研究[D]．景德镇陶瓷大学，2022.

[8] 黄惠玲，黄进杰．绿色低碳理念在包装设计中的应用[J]．工业设计，2021(6)：94-95.

[9] 刘建龙，刘柱．绿色低碳包装材料应用和发展对策研究[J]．包装工程，2015，36(19)：145-148.

[10] 柯扬．包装设计要素的广告效应的定量研究[J]．艺术品鉴，2018(3)：211-212.

[11] 王姣，李昕然．探析品牌包装中的字体创意设计技巧[J]．美与时代(上)，2021(5)：53-55.

[12] 张燕丽．细谈包装设计技巧问题[J]．中国包装工业，2013(14)：98.

［13］田媛. 浅议包装设计构成元素［J］. 美术教育研究，2015（12）：62.

［14］田伟. 基于产品语义学的文创产品包装设计研究［J］. 鞋类工艺与设计，2022，2（20）：61-63.

［15］曲慧敏. 跨界思维在文创产品包装设计中的应用分析［J］. 绿色包装，2022（2）：89-92.

［16］张慧敏. 基于"互联网+"的博物馆文创产品包装设计研究［J］. 设计，2021，34（13）：22-24.

［17］麻婷婷，石楠. 基于传统视觉元素的文创产品包装设计研究［J］. 轻纺工业与技术，2021，50（1）：36-37.

［18］孙文溪，孙诺亚，张祖耀. 基于用户价值共创和文化传递的文创产品设计研究［J］. 设计，2022，35（24）：96-100.

［19］戴燕燕. 文化创意视域下的产品设计方法论［M］. 南昌：江西美术出版社，2019.

［20］熊承霞，谭小雯，熊承芳，姜君臣. 包装设计［M］. 武汉：武汉理工大学出版社：高等院校"十三五"艺术设计专业精品课程规划系列教材，2018.